前进中的

物理学与
人类文明

李学潜 ◎ 著

人 民 邮 电 出 版 社

北 京

图书在版编目（CIP）数据

前进中的物理学与人类文明 / 李学潜著. -- 北京：
人民邮电出版社，2023.1（2023.10重印）
ISBN 978-7-115-59696-3

Ⅰ. ①前… Ⅱ. ①李… Ⅲ. ①物理学－普及读物
Ⅳ. ①O4-49

中国版本图书馆CIP数据核字(2022)第122510号

内 容 提 要

在这本书中，高能物理学家李学潜教授从牛顿力学讲起，简明介绍了经典电磁学与统计物理学、狭义和广义相对论、量子力学、量子场论、粒子物理学与高能天体物理学的相关知识和重要的进展。此外，本书还剖析了物理学与数学的关系，以及物理学与科学技术各领域的发展和人类文明发展的密切联系，给读者绘制了物理文化与人类文明的绚烂多彩的图景。

本书涵盖的内容虽然广泛，但通过作者通俗易懂、深入浅出的讲解，能让爱好物理学的中学生、大学生从书中体会到物理学的魅力。

◆ 著　　　李学潜
责任编辑　赵　轩
责任印制　陈　彝

◆ 人民邮电出版社出版发行　　北京市丰台区成寿寺路 11 号
邮编　100164　电子邮件　315@ptpress.com.cn
网址　https://www.ptpress.com.cn
三河市中晟雅豪印务有限公司印刷

◆ 开本：880×1230　1/32
印张：9.25　　　　　　2023 年 1 月第 1 版
字数：248 千字　　　　2023 年 10 月河北第 3 次印刷

定价：69.80 元

读者服务热线：**(010)81055410**　印装质量热线：**(010)81055316**
反盗版热线：**(010)81055315**
广告经营许可证：京东市监广登字 20170147 号

序

　　物理学是自然科学中重要的基础学科之一。它以实验为基础，借助物质、能量、空间、时间等基本要素，研究物质的基本结构、物质之间普遍的相互作用、一般的运动规律，以及所使用的实验手段和思维方法。物理学从 17 世纪作为一门学科诞生之日起，在 300 多年的发展过程中所取得的辉煌成就引发了一次又一次的产业革命，从而极大地丰富了人们对物质世界的认识，引领无数科学技术领域的开拓和创新，有力地促进了人类文明的进步。正如国际纯粹物理和应用物理联合会第 23 届代表大会的决议《物理学对社会的重要性》指出的，物理学是一项国际事业，它对人类未来的进步起着关键性的作用，包括探索自然、驱动技术、改善生活和培养人才。

"物理"一词最早出自希腊文 φυσικ，原意是指自然。起初欧洲人（如牛顿）称物理学为"自然哲学"。汉语、日语中的"物理"一词源自明末清初方以智的百科全书式著作《物理小识》。其实在约公元前 2 世纪的《淮南子·览冥训》的论述中就出现了"物理"一词的粗浅含义，泛指一切事物的道理，或称万物之理。著名物理学家李政道教授曾引用唐代杜甫《曲江二首》中的诗句"细推物理须行乐，何用浮名绊此身"来说明物理一词在盛唐即已出现。中文中的"物理"二字，通常认为是取"格物致理"四字的简称，即考察事物的形态和变化，总结研究它们的规律的意思。

记得从 20 世纪中叶起，国内流传一句尽人皆知的话："学会数理化，走遍天下都不怕。"可见当时国人对于物理、数学和化学的重视。遗憾的是，到了 80 年代以后，基础课程只剩下数学，甚至关于在中学要不要选修物理，也成了争论不休的话题。

当前，我国正处于时代转换的关键交汇点，向着全面建成社会主义现代化强国的第二个百年奋斗目标迈进的重要历史阶段，14 亿同胞为了实现中华民族伟大复兴的中国梦而不懈奋斗。

世界新一轮科技革命和产业变革，使我们面临千载难逢的历史机遇。在这样的背景下，迫切需要我们在科研和教学第一线拼搏的科学家，在出色完成承担的各项国家任务从而对物理学等基础学科的发展做出应有的贡献的同时，不忘自己肩负的科普使命和社会责任，发挥自身的专长和优势向公众传播科学知识，帮助提高全民的科学素养。物理学是现代科学技术发展的基石，是理工科各门专业课程的极其重要的支柱。因此，大力推动基础物理学的研究和普及，从而带动科学的发展，推动文化、经济和社会的发展，推动人类文明的进步，将助力我国实现中华民族伟大复兴的目标。

在这种形势下，我们非常地期待这本物理学的高级科普读物的出版。在这本书中，作者从牛顿力学讲起，然后简明介绍了经典电磁学与统计物理学、狭义和广义相对论、量子力学、量子场论、粒子物理学与高能天体物理学的相关知识和重要的进展；剖析了物理学与数学的关系，以及物理学与科学技术各领域的发展和人类文明发展的密切联系，给读者绘制了物理文化与人类文明的绚烂多彩的图景。作者为南开大学著名理论物理学家李学潜教授，他潜心研究粒子物理和宇宙学50多年，出色完成了近200篇在国内外有影响的学术论文，培养了几十名博士和硕士研究生，其中不少成为百人计划、优青与杰青的中选者。

李学潜教授多年来以极大的热情积极投入物理学的科普工作，除了翻译一些诺贝尔奖获得者的科普名著外，还撰写了多部科普作品，并以视频形式给公众解读难度比较大的一些高级科普著作，深受读者欢迎。多年来李学潜教授一直担任《现代物理》杂志的编委，对于推进我国物理学的科普工作，做出了突出的贡献。如今虽已耄耋之年，但李学潜教授仍精神抖擞、孜孜不倦、耕耘不止。

本书的读者对象是爱好物理学的中学生和低年级的大学生或非物理专业的大学生。其显著的特点是涵盖的内容非常广泛，而且涉及很多现代物理的抽象的概念。虽然这些内容很难理解，但是通过作者通俗易懂、深入浅出的讲解，相信能让本书的读者有不小的收获。全书叙述风格平易近人，犹如家常聊天，娓娓道来，其中还穿插一些趣闻，不会让读者觉得枯燥乏味。此外，为了尽可能地保证内容的科学性和严谨性，作者没有刻意丢弃公式。尽管这些公式从数学角度来看会给读者的理解带来一定的困难，但由于经过了作者的精挑细选，把公式数量减到了最少，因此对于阅读不会造成太多的障碍。最后值得指出的是作者尝试用现代物理讨论新冠病毒传播的基本特点，尽管没有给出明确的结论，但也让人耳目一新，受益匪浅。

希望读者们喜欢这本书。

丁亦兵

中国科学院大学物理科学学院

2021 年 12 月于天津

引　言

　　毫无疑问，物理学是关于自然的科学。然而事实不仅如此，多年来，人类，特别是物理学家对自然界的探索，对宇宙万物演化基本原则的深刻思考，以及不断去伪存真的过程，使物理学形成了独特的文化。物理学给每一个对自然界发生和存在的各种现象感兴趣的科学家和学生以启示，告诉他们如何思考、如何探索，在深入理解整个自然界和社会的基础上如何让世界变得更加美好。

　　多年前，郝柏林院士在一次演讲中指出："物理是一种文化！"这将我们对物理学的认识升华到前所未有的高度，这个震撼人心的论断我一直铭记在心。

人类文明已经有超过 6000 年的发展史，而只有在近一两百年才向前突飞猛进，这与物理学和工程技术在这期间的迅速发展是分不开的。物理学和工程技术达到了新的高水平，人类文明也相应地提高到了新的层次。

何谓人类文明？文明分为精神文明和物质文明。物质文明是基础，为精神文明提供必要的物质前提；精神文明是物质文明的主导。

其实，这两种文明是互相依赖和促进的，它们从远古时代起经过不断地相互"揉搓"，才发展到今天的水平。在这方面有很多哲学论著，我就不班门弄斧了。在本书中，我所介绍的是 2000 年来物理学的进展如何促进人类文明的发展，如何深入影响这两种文明的发展，甚至在某些阶段激发出跳跃式的发展。

远古时代，我们的祖先在钻木取火、用石头做箭镞猎取野兽时，就已经开始用物理原则创造原始的文明了：钻木取火利用了摩擦生热（热力学）和燃烧（相变），用石头做箭镞利用了简单的力学原理。制造技巧在应用中不断地改进和提高保证了原始工具的高效运用。几千年来物理学和人类文明缓慢而顽强地前进。到了近代，以蒸汽机的发明和应用为标志的第一次工业革命和牛顿力学领导的物理学革命使这个缓慢的进程"脱胎换骨"，以令人瞠目结舌的速度突飞猛进。如果一个人脱离社会20年，再回来应该没法接受整个社会的改变——主要是物质方面的改变。19世纪和20世纪，我们称为"知识爆炸"的时代。随着物理学的发展，人类文明攀登上一个前所未有的高峰！这正是本书里要向读者展现的内容！

一般来说，物理学又可分为基础物理学和应用物理学两个既独立又关联的分支。正如人类的两种文明——精神文明和物质文明，物理学的这两个分支也有着辩证统一的关系。物理学归根结底是实验科学，一切原则、理论都基于对自然现象的观测。任何理论如果违背了实验结果，就只能被抛弃或做重大的修改。这样的例子是屡见不鲜的。例如，爱因斯坦的大统一理论和后来的 SU(5)大统一理论在逻辑上似乎完美无缺，但可惜，数据说"不"，最终人们只好放弃。

　　我们在讨论物理学的发展时，就不得不说物理与数学的紧密关系。没有数学的支撑，所谓"物理学"就只是简单的描述性科学，一切都是试着来的，不对就重做，直到一切都合适为止。而有了数学就有了方向，一切都是可预测的。伟大的牛顿将微积分引入物理学，提出了牛顿运动定律（又称牛顿三定律），后来又推导出万有引力的公式，从那时起人类一切在地球上的力学活动乃至日月星辰的运行规律都在物理学家和物理学家的"兄弟"天文学家的掌控之中。从此物理学就和当时的炼金术与生物进化论等"科学"有了本质的区别。人们不仅能认知周围自然界的行为，而且能准确地预言下一步会发生什么！这实在是了不起的事情。近代物理对数学，特别是对高深的微分几何、拓扑等尖端数学的需求变得越来越迫切，超弦理论和共形场论等新发展的物理理论更是这样。随着计算量越来越大，大型计算机的硬件和算法、软件也得到了突飞猛进的发展，这些进步与物理和数学革命式的飞跃是分不开的。掌握先进的数学工具是非常重要的，甚至是获得成功的保障，即使是对于实验物理学家，这条"金科玉律"也是适用的。

一般来讲，科学研究分成几个阶段：首先是实验，包括实验的实施和数据分析；其次是唯象研究，是通过分析实验数据建立唯象的理论，也就是大家所说的经验公式；接下来上升到理论阶段，即建立一个普适的公式和理论体系，包括一个或几个特殊的原则；然后到了数学阶段，此时可以暂时抛开物理的现实考虑而进入比较抽象的阶段（在纯数学中只有数而没有量）；再上升就是哲学了；最后就只能归结到神学，例如，牛顿解释自然界的起源时，归结到"上帝之一击"，但那时不论是数学家还是物理学家都无能为力了。亲爱的读者，你们同意牛顿的说法吗？

陈省身先生曾说过，物理与数学现在（大约）只有 10%的交叠。大家知道，当数学与物理交叠时，伟大的工作（成果）就会出现，如广义相对论、量子力学中的矩阵力学、杨-米尔斯（Yang-Mills）理论等。从古至今，重大的理论突破几乎都能归结到数学与物理学的完美交叠。即便只有 10%的交叠，也产生了巨大影响，那余下的 90%还没有被物理学家注意到，当然也可能是太难了，不容易被物理学家掌握。但想想，这对年轻学者来说是非常有诱惑力的，为他们做大事的理想指出了明确的道路：不仅要关心物理实验的新结果，还要掌握高深的数学知识。这些内容都关乎人类文明的发展，本书将会在后面的章节中细细道来！

物理与哲学的联系也可能是一个大课题，有趣的是近代的理论物理学家都喜欢谈论哲学，然后上升到宇宙观，例如霍金等人探讨的所谓人择原理，就是解释宇宙演化的一种思路，但也是哲学问题。

我要强调的一点是：至少在我们这个宇宙中，物理是永恒不变的，但物理学是在不断前进的，我们对自然界的理解也是不断深入的。人类探索大自然的步伐从来没有停止过，而人类的精神文明和物质文明也上升到新的高度。

其实物理学中的一些基本法则，是人们基于自己对自然界现象的观测和分析"猜"出来的。根据这些法则，物理学家建立了相应的模型和方程，求解这些方程得到的结果可以和实验数据相比较。得到和实验数据一致的结果说明猜得对，这个法则可以保留；但如果和实验数据相悖，也就是自然界对这个猜出来的法则说"不"，那么不论这个法则有多么优美，只能放弃。

这和数学不同，物理中不存在数学中的公理，几乎所有法则都有一定的局限性和应用范围，超出这个范围就不对了，再勉强应用它就会造成谬论。

李政道和杨振宁关于宇称不守恒的研究就是最典型的例子。根据当时出现的 τ-θ 之谜，他们"猜"到弱相互作用中宇称可能不守恒，随后吴健雄用 β 衰变实验证实了李-杨理论的正确性。宇称不守恒颠覆了很多大物理学家以前的金科玉律，开创了一个崭新的时代：对称性可以被破坏。今天，关于 CP、T 破坏和希格斯机制的基本原则都来自这个可能的对称性破缺。这样的例子数不胜数。我经过多年的教学与科研逐渐领悟到物理规律中"猜"的原则，自以为勘破了物理学的奥妙顿悟，尽管不太多，但也有点儿小欢喜。谁知读了一些大师的传记后才知道大物理学家早就认识到这一点并做出阐述。啊！是不是有点井底之蛙的意思啊？这样的领悟我还有几项，但最后都被证实早有大物理学家说过了。有点悲伤，又有点兴奋，经过在物理研究领域多年的拼搏，自己和大物理学家竟然有了共鸣。这也算是为年轻读者提供了一些经验之谈吧。

科普是科学研究和科学教育中非常重要的环节。在知识"暴涨"的今天，每个科学家都不可能是全才，不可能懂物理学的所有领域，更别说化学、数学和生物学了。但局限在一个狭小的领域中很难有机会融会贯通，做出重大突破。伟大的诺贝尔奖获得者温伯格就是听萨拉姆给他介绍了关于凝聚态中磁畴理论与对称性自发破缺的关联，结合希格斯机制创建了对称性破缺给予费米子和规范玻色子以质量，才解答了泡利对杨-米尔斯理论中质量缺失的质疑。量子力学奠基人之一的薛定谔写了一本篇幅不大但非常有启发性的科普书《生命是什么》，我读了以后感到视野变得开阔了。据说有个获诺贝尔奖的生物学家就是从这本书中得到灵感，完成开创性的工作。他山之石可以攻玉，从科普著作入手学会一些本领域之外的东西对我们的科研是非常有益的。至于对年轻同时又对科学感兴趣的人来说，科普无疑起到入门教育的作用。很多年轻科学家正是从读科普著作起步，在科学探索的道路上大踏步地前进。

霍金说，他的出版商告诉他，在他的科普书中每增加一个公式就会失去一半的读者，所以在他的《时间简史》中仅有一个公式。然而我不太同意该观点。《时间简史》是一本极其难懂的书，它的销路如此之好，不是因为公式极少，而是霍金人格魅力所致。没有充分的准备和足够的物理知识（包括宇宙学和量子力学，还有一点哲学）的读者是读不下去这本书的。我问过一些买了《时间简史》的学生，他们是冲着霍金才买的，但几乎没有一个人能读过 3 页还不打瞌睡，最后他们只好放弃，书就留在书架上了。但以一个物理学家的眼光来看，这绝对是一本非常出色的科普书。我做过关于《时间简史》的导读，希望能帮助一些读者把此书读下去，能让他们对宇宙学有所了解。虽然我尽量用通俗的语言讲解，但获取答案的过程中不可能完全避免公式。事实上一些公式可以帮助读者理解物理含义。

霍金曾多次访问中国，有一次他在北京亚运村的科学会堂做科普报告。北京的中学生、大学生、专家和学者都对报告很期待，当时真是一票难求。我参加了那次报告会，在开始时会场气氛热烈，特别是当霍金通过计算机合成音问听众能否听见他讲话时（Can you hear me?），全场一致高声回答"Yes"！然而开场的热烈气氛只是一时的，霍金讲的是膜宇宙，那些中学生连四维时空都没学过，怎么能懂十一维的宇宙膜，很快他们就完全丧失了兴趣，我甚至看到几个中学生玩起了扑克牌。我自己听懂了，而且很受启发，回来后我就和我的学生一起写了一篇学术论文并发表在 *Physical Review D* 上。这个例子说明，科普工作是要看对象的，如果不适合受众的水平，写出来的东西就失去了科普的价值。本书的目标读者是爱好物理学的中学生和低年级的大学生或非物理专业的大学生，当然对研究生也可能有些辅助作用，因而在选题和论述方面会尽量符合他们的认知标准。

需要指出的是，毕竟本书是介绍一些近代物理知识并阐述物理学与人类文明的关系的，而不是物理教科书，因而涉及的选题有一定的局限性，覆盖面尽量广但不会如专业教材那样严谨和深入，有兴趣的读者可以在相关专著中找到新的乐趣。100多年来物理学的成就浩如烟海，我只是在高能物理唯象研究中取得了一点成绩，因而当阐述物理学与人类文明这个大课题时难免挂一漏万，并且由于有一定的偏颇识见，不足在所难免，欢迎读者指出和批评。

在物理学与人类文明话题方面的科普著作已经有很多了，

例如赵峥的《物理学与人类文明十六讲》郭奕玲和沈慧君的《物理学史》霍金的《时间简史》维尔切克的《美丽之问：宇宙万物的大设计》，等等。读这些著作是会让人愉快的。与这些专著的区别是本书起点更低，对定理的描述不追求严格、完整，而且增加了一些趣味性的介绍，包括对一些大物理学家的工作做一些讨论。总之，希望我们的读者能从中受益，投入物理学的学习和研究中，为物理学与人类文明的发展做出贡献。

李学潜

目　　录

第一章 从牛顿开始

牛顿开启了物理学的大门

我相信大道至简的原则，真正的物理理论应该是由最简单的原则引出来的，而不是从烦琐的推导、长长的公式和复杂的数值计算之中浮现的。一流的物理学家看到的是第一原理！

牛顿开创的物理研究领域正体现了这个原则！

今天的物理学界普遍接受的是：牛顿开启了现代物理学的大门！当然，在牛顿诸多的研究领域中，我们首先看到的是牛顿力学。我们初中的物理课程中最先讲到的正是牛顿力学，从那时开始我们无论做什么事情，从航天飞机、高铁列车、航空母舰、汽车、自行车的设计、制造和使用，到足球运动员踢出香蕉球（不知道他们是不是下意识地运用了力学知识），都离不开牛顿力学。

今天如果我们在现实生活中不会应用牛顿力学可能就会回到茹毛饮血的古老时代，那时人们只是凭感觉制造我们现代人不屑一顾的简单器具。真正的现代人类文明应该是从牛顿力学的广泛应用开始的！

牛顿一生涉猎的领域非常多，在各个领域中都做了开创性的工作，他在力学方面的成就的确是整个物理学的基础。

应该指出，正因为牛顿涉猎了这么多的领域，和许多科学家有许多交集，所以才不可避免地产生争论，当然也有相互借鉴和促进。在激烈的争论中也会产生一些不和谐的声音。在历史上有些作家把一些良性的争论过程夸大而诋毁牛顿和他同时代或后代的科学家，这是对科学的亵渎。在后文中，我会对一些具体的"争论"做简单的评述。

牛顿的科学革命是在研究复杂事物时使用分析法再使用综合法，这也是我们通常称为还原论的基本研究方法。也就是从某些实验现象出发，经过仔细分析找到一些规律，然后在可能相关的实验中寻找共同点和不同之处，进行新一轮的认真分析，去伪存真，找到可能将这些现象联结在一起的内在原因。下一步才是体现一个物理学工作者能否成为真正的物理学"家"的关键：综合！把零零散散的观测结果和数据综合在一起，从而提出一个可能的、能诱导出这些规律的"假说"，然后将这个假说运用到各个类似的实验中去，验证这个假说是否正确。如果这个假说被新的实验否决，无论这个假说看起来多么让我们陶醉，我们也只能忍痛宣布这个假说没有体现自然规律，必须被抛弃，至少要做彻底的修正。反过来，如果这个假说合理，能正确地解释大量新观测结果，它的理论预言与新的数据几乎吻合，这个假说就会上升为物理中的"原则"。不像数学中的公理，如平面三角形的内角和为 180°，物理学中没有公理，任何的原则尽管被千千万万实验所证实，我们仍然不能认为它就是公理。相应的理论还要不断地在新的实验中受到考验，如果仍然能符合新数据，那我们就可以宣布这个原则能适用于新的区域，如能量、速度等；一旦发现这个原则不适用于新的区域，我们就必须宣布这个"原则"不能推广或适用于这个新的区域。

但我们必须澄清一个观念，在新的区域，旧的"原则"不符合实验观测结果，需要修正或抛弃，并不意味着它就是错误的。只不过它的使用范围是有限的，它可能不是一个普适的理论，而是在限定区域的"有效理论"。例如，伽利略变换就是相对论时空的低速（速度远小于光速）"有效理论"，牛顿力学也是爱因斯坦创建的相对论的"有效理论"。

还原论至今仍是物理学家认识自然规律最基本的方法之一。我们综合已取得的成果，将观测事物还原成更简单的事物，不断重复这个分析综合的过程以达到新的高度，这似乎永远没有尽头！当然在这个过程中还有根本性的争论：我们观测的宏观世界是从无序到有序的，还是从有序到有序的，这也在一定程度上否定了还原论。我是坚定的还原论信奉者，但我绝不敢对其他观点不敬！

牛顿写道："我不知道世界是怎么看我的。但对我来说，我只是在海边玩耍的一个男孩，时不时会发现一枚更光滑或更漂亮的贝壳。对面前那浩瀚的真理海洋我完全是无知的。"还有"一个人甚至一代人要理解整个自然都太难了。最好先确切地解决一些问题，然后把其他问题留给后人。最忌试图通过建立一堆假设来一下子理解所有的问题"（引自维尔切克的《美丽之问：宇宙万物的大设计》）。我想，这也是今天我们所有物理学家的座右铭，是我们做学术研究的指南，直白地说就是，不要妄想解决一切问题。但偏偏有一些人就幻想构建终极物理理论！在一部介绍霍金生平的电影《万物理论》中，霍金甚至认为达到万物理论的一天已经不远了。然而，不出所料，他的理想至他死也没达到，当然也不可能达到。

在本书中，我不禁要对所谓牛顿"人格"做一个简单的评论。牛顿写道："如果我看得比别人更远，那是因为我正站在巨人的肩上。"这句话可以理解成牛顿的谦虚，表达了他对前辈的尊敬，也成了很多教科书中人们对牛顿赞誉的来源。但也存在不和谐的论调。由于牛顿和胡克长期以来在学术观点上有分歧，对某些成果，如万有引力的占有权有不同的看法，彼此关系比较紧张。胡克也是我们尊敬的物理学家，研究成果也很丰富。他和牛顿的争论主要是在学术观点方面。有人出于阴暗的动机诋毁牛顿，认为这句话是讽刺胡克的，因为胡克比较矮小。这种人罔顾事实攻击他人，包括世人尊敬的英雄、科学家、社会活动家等，目的在于吸引视听，以博得知名度，得到利益。牛顿这样的伟人用得着做这样的事吗？还是让我们以英国诗人蒲柏的诗来做总结吧："自然界和自然界的规律隐藏在黑暗中，上帝说：'让牛顿去吧'，于是一切成为光明。"（译文引自赵峥的《物理学与人类文明十六讲》。）这体现了学术界乃至公众对牛顿的学术成果的肯定和对牛顿人格的高度赞誉。我们确信牛顿是物理学真正的奠基人，他的功绩是不朽的，我们从初中开始学物理时就认识了这位科学巨人。

牛顿力学的应用和哲学意义

　　力学又分为静力学、运动学和动力学，其中静力学研究力的平衡或物体的静止问题，运动学是与直接测量、观测相关的，动力学研究为什么会产生我们所观测到的现象和数值。我们是从运动学给出的数据中总结出规律的，以供我们的大脑进行分析，从而得到比较普遍的物理原则！测量必定会有误差，这些误差可能会误导我们得到不合理的，甚至错误的结论。在物理学研究中，所谓"粗粒化"是非常重要的，郝柏林院士曾给我介绍了这个概念，它有助于揭示隐藏在看起来有些混乱的数据后面的原则。

例如，伽利略的比萨斜塔实验（其实伽利略并没有亲自做这个实验，他做了斜面下滑实验。为了讲述清楚，让我们在这儿假定他做了这个斜塔实验吧）里，从塔顶同时掷下两个同样体积的球，一个是铜的，另一个是铁的，当然铜球比铁球重很多。如果重力与质量有关，那两个球不会同时落地。实验结果为两个球同时落地。然而如果实验者的仪器很精确，他一定会发现两个球并不同时落地，这是由于空气阻力作用在两个球上产生的效果是不同的，用专业的术语讲，是在运动方程中存在与速度成正比的阻尼项。那么这时是否还能得到伽利略的结论呢？但伽利略的结论是正确的啊！由于实验总会有误差，而且任何理论都不是完善的，比如忽略影响很小的空气阻力，因此要从分析数据中提出一个新的理论是需要"粗粒化"的。

让我们回到牛顿运动定律（又称牛顿三定律）的讨论中。第一定律关注的是静力学：物体在不受力或者说相互作用刚好完全抵消的情况下，保持静止或匀速直线运动。这条定律和动力学无关，是伽利略惯性定律的延续，但却是整个力学（在惯性参考系中）的基础；它也明确指出力是运动改变（加速度）的原因，而不是运动的原因。

第二定律，是说物体在与周围环境中的其他物体相互作用时，运动状态会发生改变，这是牛顿力学中最重要的一条，也是被人们最常挂在嘴边的公式

$$\vec{F} = m\vec{a} \qquad\qquad （1\text{-}1）$$

在教科书中也写为 $F = ma$，其中 F 是作用力，质量 m 是惯性的量度。后面我们还要对这个公式做更多的讨论，现在让我们来评价牛顿的功绩吧！这个公式如果就采取这个形式，那就是第一定律的动力学推广，是一个**代数式**，没有什么特别的，但我们如果把它写成

$$\vec{F} = m\mathrm{d}^2\vec{x}/\mathrm{d}t^2 \qquad\qquad (1\text{-}2)$$

就成了一个微分方程，有了初始条件（初始位置和速度），我们就可以预言在任何时刻物体所在的位置和速度，这和（1-1）式有本质的区别。

这完全归功于牛顿将微积分引入力学，从而使力学成为具有预言能力、超越当时所有以描述现象为根本的各种学科的真正科学。难怪卢瑟福说："如果这门学科不是物理学，那就只能是集邮！"此话似乎有点过分，但体现了物理学家前辈的自豪感。有了配备微积分的牛顿第二定律，人类开始真正向更高层攀登。我们建造高铁列车，发射载人飞船，制造航空母舰，都是从牛顿这个简单的公式出发的。

但是从更深层次来审视 $\vec{F} = m\vec{a}$ 时就会发现潜在的不协调。从日常生活中我们知道，你用力踢一个足球可以把它送到对方的球门中，但你用同样的力去踢一列火车试试！效果不同，是由于物体的惯性不同，也就是质量不同。质量越大，在同等力的作用下运动改变就越小（加速度就越小）。力就是对物体施加作用的强度。对足球运动员来说，这样的表述就够了。但对物理学家来说，这种定性表达是很不充分的。怎么就知道它们的关系正好是正比关系？如何来定义"力"和"质量"是一个有趣的问题。幸好，在多年的实践中很多约定的方式解决了牛顿第二定律的应用问题。

力的引入和定义并不是平庸的，而有一些抽象的哲学意义。1N 的定义为使 1kg 物体获得 $1m/s^2$ 加速度的力！哈，这需要先知道质量，而质量是通过天平，将未知物体与标准质量相比得到的，即需要 $m_s g l_1 = m g l_2$。其中 m_s 是标准质量，m 是被测质量，l_1 和 l_2 是相应的力臂。也就是说质量要通过力来确定，那么 $\vec{F} = m\vec{a}$ 等号两边就都不确定了。难怪伟大的哲学家罗素在他的著作中提到了"废除力"。力的概念最初是和质量守恒定律相关联的，今天相对论告诉我们，质量守恒是不对的。

在这个公式中最重要的是"力"。在我们熟悉的情况中，我们知道摩擦力、库仑力、引力等。将这些力代入上面的微分方程中，我们就能求解得到物体的运动状态。然而，从物理学发展的历史来看，"力"的来源，也就是动力学的根源都是"猜"的。当然，你可以说，对保守力来说，我们可以简单地写出

$\vec{F} = -\dfrac{\mathrm{d}V}{\mathrm{d}x}$，这就转移到你怎么猜势能 V 的形式了。在维尔切克看来，这是个文化问题。或许你会争论说，这是个科学问题，怎么会和文化有关呢？正如我们前文表述过的，物理原理隐藏在错综复杂的自然现象中，要揭开蒙在现象上的面纱是需要想象的，也就是在粗粒化的原则下"猜"！这就需要一些与文化甚至哲学相关的思想了。我们下面还会再讨论得详细些。

从另一个角度看，作用在一个物体上的力，如摩擦力、地球引力、火车的动力等都是我们主动加上去的。在力学中我们常用的是分离法，即将考虑的对象分离出来，而不去管施力方。当施力方很大，如地球，我们可以不去计较卫星上天对地球的影响；但对足球运动员来说，他和足球的关系就没法不计较了。在现代物理中我们取代简单的 $\vec{F} = m\vec{a}$ 中的"力"，用两体或多体间的相互作用来描述一个相互关联的体系，如原子核与核外电子的原子系统。维尔切克就指出，"力的取法：在所有包含力的方法和系统中，都有一种人为的色彩，没有必要引入最初建立在直觉基础上的概念"。维尔切克继而指出力的文化内涵。

今天我们仍不舍弃力的概念，仍然在使用 $\vec{F}=m\vec{a}$ 这个公式是因为它很简单而且实用，在绝大多数经典问题中它都能很好地体现物理本质，更不用强调应用它而取得成功的无穷多典例了。这也归功于多年来物理学家经历了无数失败后成功地猜出来各种经典物理中正确的运动学原则。其实还有一点需要阐述：显然物质都是由深层结构，如分子、原子等构成的，它们在物体内部做各种无规则运动，但为什么我们在计算宏观运动（如足球）时不需要考虑物质深层次的、复杂的运动？答案是，物质通常要通过弛豫过程才能达到一个稳定的内部状态，因此，除了少量自由度的情况，要激发所有自由度（分子、原子）需要克服很高的能量或熵的壁垒。维尔切克指出" $\vec{F}=m\vec{a}$ 在任何意义上说都不是一个最终真理"。从现代基础物理学的角度我们可以理解，为什么在许多情况下 $\vec{F}=m\vec{a}$ 能作为足够精确的近似解出现。确实，不是最终真理并不妨碍它非常有用，它主要的优点是使我们免于因追求无关紧要的精度而带来的不必要的复杂性。应该没有哪个人从分子运动着手去计算两辆汽车碰撞的损害程度吧！

其实牛顿在第三定律中就已经思考过这个问题：作用力和

反作用力大小相等，方向相反。虽然在电磁学中，这个提法不完全对（作用力和反作用力的方向问题），但牛顿指出作用力和反作用力一定是成对出现的，没有哪个物体是主导方，从客观角度看双方是等价的。

直至今天，牛顿力学仍然是工程技术的基础。尽管在哲学意义上或从更深层次上看，牛顿第二定律是有缺陷的，但它的使用是最方便的，至少在低速（远小于光速，也是我们现实世界的情况，最快的火箭的速度也只有光速的几万分之一）情况下和宏观世界，它是绝对合理的表述，我们在做任何相关计算时都可以放心应用。在对人类精神文明和物质文明的贡献方面，牛顿运动定律是没有其他学说可以与之挑战的。

开普勒的行星运动三大定律和牛顿的万有引力定律

开普勒的行星运动三大定律和牛顿的万有引力定律的具体

内容在中学的教科书中已经有比较详细的论述，在本书中，我只进行深层次的介绍和探讨。

天文学是人类历史上最早得到重视的学科，虽然几千年前的天文观测还不能构成科学。在哥白尼、布鲁诺等人提出日心说以代替地心说而被罗马教廷警告、审判或迫害，以及后来者不断追求真理的过程中，天文学的发展取得了丰硕成果。在望远镜发明之后，人们可以直接观测月球和近邻的几颗行星，从而在天文观测上迈开大步。讽刺的是，伽利略的学说直到 21 世纪才被普遍认可！今天"天圆地方"的谬论在小学生的眼中都是不值一提的了，可在几百年前，它还占有主导地位。

我们如果以地球作为参考系测量和绘制火星的运动轨迹，看上去就会很乱；然而，当我们取太阳系作为参考系时，所有的行星运动轨迹都会变成规则的圆（实际上是椭圆）。这也是对日心说的直接支持。开普勒的老师第谷记录了太阳系中各大行星的轨迹很多年，但这样的一大堆数据并没有显示出任何规律，对物理学也没有直接的贡献，直到开普勒从错综复杂的数据中，特别是将参考点选到太阳上后，总结出了著名的行星运动三大定律（简称开普勒三定律）！但这 3 个定律仍然只是运动学的定律，和动力学无关。

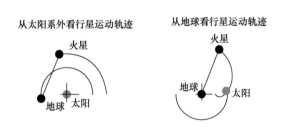

火星运行示意图

开普勒也在思考动力学问题，但他的思考方式是沿当时的基本潮流进行的，即物理学的基本规律就是"美"，一切都遵循这个美的原则。于是他认为当时太阳系中发现的 5 颗行星，都在以太阳为中心的圆上，因为只有圆才能体现最完美的图形（对称度最高）。然而，很快他的数据表明，很多行星的轨道不是以太阳为中心的圆，而是椭圆，太阳位于椭圆的两个焦点之一上。这打破了他猜想的简单动力学规律，直到牛顿提（猜）出万有引力定律，才给开普勒三定律提供了完美的动力学解释。

　　有人说牛顿提出万有引力定律是由于他在一棵苹果树下休息时一个苹果掉在他头上得到的灵感。这个接近神话的故事只是为了引起公众的兴趣，牛顿不可能从苹果落地的简单事实推出万有引力公式。看看这个重力场公式（我略去了矢量指标）：

$$F = \frac{G_\mathrm{N} m_1 m_2}{r^2} \qquad （1\text{-}3）$$

牛顿怎么可能从苹果落地就得到 F 与 r^2 成反比的关系呢？现在我们知道可以根据质量守恒定律并利用高斯定理确认这个指数，但我们不知道牛顿是如何猜出这个距离平方反比定律的，似乎没有哪个传记有记载。但这个公式准确地给出了开普勒三定律的动力学解释。直到今天人类在发射宇宙飞船时，仍然在应用这个基本公式（发射飞船不需要对引力做相对论修正）。牛顿的重力场公式的成功还体现在海王星和冥王星的发现上。由于观测到天王星的轨道具有偏离正常椭圆的反常，当时人们猜测可能在天王星附近存在另一颗行星，但它具体在哪儿人们并不知道。由于光度不强，它很难被直接搜寻到。根据牛顿的理论，物理学家计算出了这颗新星的可能位置，柏林天文台的天文观测者就在理论预言的位置处找到了这颗神秘的行星，最后将其命名为海王星。有趣的是，海王星的运行轨道也有反常，人们参照此前的做法，用牛顿的重力场公式计算并确定了另一颗行星，这颗行星最终也被观测到了，它就是冥王星。由于万有引力理论的巨大成功，当时人们对牛顿的崇拜也达到新的高度，以致他在其他领域的一些错误观点被遮盖，一定程度上影响了物理学发展的历程。

虽然有瑕疵，但瑕不掩瑜。我在这里要强调牛顿的高瞻远瞩。牛顿的万有引力理论使所有物理学家非常兴奋，因为它不仅提供了太阳系恒星的运行轨迹，而且对彗星的轨迹也能给出精确的预言。

这里我想讲一个故事，作为教训它是发人深省的，这是何祚庥院士给我讲的。我国掌管天象的官吏在隋朝就记录了哈雷彗星，而后每 76 年我国的历书上都对这颗彗星有记载，记录了很多次，但没有一个人指出这是同一颗星。直到哈雷，他只观测到一次哈雷彗星，并看到上一次彗星的记录，根据牛顿的公式，就确认这是同一颗彗星，它经过地球的周期是 76 年，从而预言了哈雷彗星 76 年之后的回归，这样这颗彗星就以哈雷命名了。因而科学不但要观测，而且需要联想，即深入思考，从错综复杂的现象中，找到规律并提纯为理论！

许多科学家，如大物理学家、数学家拉普拉斯就自豪地说过："你告诉我今天各个星辰的位置和运行的速度，我就告诉你1000年后它们的位置和速度！"当然，如果没有强大的计算机和软件辅助，这只是一句空话，但反映了没有人对牛顿的万有引力理论有怀疑！正如我们前面说过，解方程

$$\vec{F} = \frac{G_{\mathrm{N}}mM}{r^2}\left(-\frac{\vec{r}}{r}\right) = m\mathrm{d}^2\,\vec{r}\,/\,\mathrm{d}t^2 \qquad （1\text{-}4）$$

需要初始条件（位置和速度）。这些大物理学家都知道这一点，但他们都没有涉及一个根本的问题：最初的初始位置和速度是怎么来的？正是牛顿最先注意到宇宙的起源问题。

现代物理学的大爆炸理论已确定，今天的宇宙是来自一场约138亿年前极小区域内能量的突然爆炸。在大爆炸之前既没有空间，也没有时间。听起来有点怪怪的，是吧？我们在后面的章节中还要专门论述这个精彩绝伦的理论。这个爆炸是怎么开始的没有人知道，但总得有什么东西对这个开始

负责吧？牛顿将之归功于上帝而招致无神论者的批评，那我们可否将大爆炸的开始归之为"自然之一击"？不可否认，以牛顿之高瞻远瞩，他抓住了问题的根本，尽管解决方式值得怀疑，但这不能掩盖他走在那个时代所有物理学家前面的事实。

光是粒子还是波

牛顿一生涉猎过很多领域，和很多物理学家有交集，但最有戏剧性的是牛顿和惠更斯关于光的本质的争论：是粒子还是波！

牛顿对光学的贡献要从他对颜色的研究说起。在牛顿的研究成果出来之前，人们都相信颜色的出现是因为白色的光透过棱镜或者向水滴照射时白色发生了褪色。颜色是黑色和白色按不同配比调制的各种混合物，光透过棱镜，因厚度不同在穿透过程中会产生或多或少的损耗，黑白配比不同了，因而产生不同的颜色。牛顿指出，太阳发出的白色的光混合了很多基本的成分。棱镜不会让白色褪色，而是把太阳光分解成更基本的成分，这些基本成分本来就存在。现在我们当然知道，不同频率的电磁波，对应不同的颜色，在穿透棱镜时由于它们具有不同的折射系数，就被截面为三角形的棱镜分开了，于是我们看到其中的色彩。事实上，太阳光中还有很强的紫外线和红外线，也会被棱镜分开，只不过我们的肉眼对它们不敏感，所以"看"不见它们，需要仪器的帮助，才能得到太阳光完整的波谱。牛顿的实验还可以再进一步，通过第二个棱镜可以将已经分开的各种颜色重新聚集，又成为白色。三棱镜分光实验充分证明了牛顿对各种颜色光的认知。

然而在光到底是粒子还是波这个基本问题上牛顿选择了前者。这并不奇怪，牛顿对力学的了解非常深入，所以他错误地将机械运动推广到物理学的各个领域。其实从微观角度看（当时可没有分子、原子的理论），这也是很有道理的，物质内部的结构决定了物质的行为，而这些内部结构是服从机械原理的，把光看作由粒子组成就很自然了。特别是，当牛顿观测到光在界面上的反射规律和刚性球在界面上的弹射行为完全一样，由动量守恒定律，他就很容易想到光是由小刚性球（微粒）构成的。至于折射，可以归结为光里面的刚性球和界面内物质相互作用的结果！如果没有进一步观测出干涉和衍射现象，牛顿的理论也是颇为合理的。胡克就对牛顿的微粒说提出了质疑：为什么两束光在相遇时不互相散射，而是贯穿？牛顿回答不了这个问题，但他仍坚持微粒说。

惠更斯是比牛顿还年长 14 岁的荷兰学者，他根据光的干涉和衍射现象提出光是波的理论。光波在大气中传播，也在如玻璃一样的介质中传播，只不过传播速度变慢，颜色不变。当时由于牛顿在物理学界的名气太大，在相当长的时间内光的微粒说还是占主导地位。其实牛顿并不是一个冥顽不化的保守的物理学家，他提出的牛顿环实验就是对波动光学的支持。但为什么牛顿不换个角度思考呢？可能这就是一个成名的物理学家的痼疾吧，后面我们还会看到相似的情形发生在许多后世物理学家的身上，阻止他们向更深层次进军。这种痼疾今天仍然存在，年轻的朋友们最好敞开思路，接受别人的意见。当然说说容易，真正要做到就很难了。

光是波，因而可以干涉，这个结论用中学的几何学知识就能很容易得出来。两束光在距离光源一段距离的屏幕上产生亮黑交错的干涉条纹，这就是有名的杨氏双缝实验。目前已有依据此实验制成的具有多缝的光栅干涉仪面世。干涉仪可以有各种用途，后面要讲到的迈克耳孙-莫雷实验就是应用灵敏的干涉仪完成的。既然是波，那就不是像粒子那样永远走直线，在前进过程中总要弯弯曲曲的，所以可以绕过小的障碍。当光线射在一个不透明的盘子上时，在盘子边缘就会产生次级波，从而偏离原来的传播方向。

我可以再告诉读者一个小故事，当年菲涅耳由于用波动论解释杨氏双缝实验做出卓越贡献，在法国科学院报奖。评委之一的泊松是伟大的数学家和物理学家，也是牛顿的微粒说的坚定支持者，它根本不信菲涅耳，斥之为胡说。辩论不休时，泊松提出，如果按菲涅耳的理论，当光照射到一个不透明的盘子上，就会在盘子后面出现一个亮点。根据常识，这是不可能的，于是泊松嘲笑了菲涅耳一把！泊松的数学推导是不错的，但会不会真的出现斑点呢？会议主席建议当场做实验以证实或证伪菲涅耳的理论。在大家的见证下，光照射的圆盘后面真的出现了一个亮斑。这下泊松没有什么可说的了，只好把奖颁发给菲涅耳。有趣的是，也许是略带讽刺和开玩笑，这个亮斑就被称为泊松斑！

也许有些性急的读者会发问，爱因斯坦的光电效应说明了光的粒子性，那牛顿不是又对了吗，波动说怎么能自圆其说了？我们在后面讲量子力学的章节时会指出，微观客体的波粒二象性是指它们同时具有波动性和粒子性，但绝不同时展现两种性质，就像一枚硬币，有两个面，在掷硬币时你只能看到其中一个面朝上。对宏观的干涉、衍射的连续性过程，光展示的是波动性，但在微观的光和电子的相互作用上，展示的就是粒子性（分立性）。两者并不矛盾。但"牛顿时代"纯粹是对宏观世界进行研究的时代，因而我们认为惠更斯的波动说更合理些。

牛顿在物理学、数学等各方面的涉猎

牛顿在物理、数学方面多有建树，这是人所共知的。

数学上，牛顿的二项式定理 $(a+b)^n = \sum_{k=0}^{n} C_n^k a^{n-k} b^k$ 是我们

熟悉的，也是常用的。也许今天我们觉得它太平凡，已经不用注意了，可追溯到"牛顿时代"，用组合 C_n^k 来表示系数，也许不是很容易的事吧！

将微积分引入物理学，这可是石破天惊的大事。在此之前，物理学还算不上一门精确科学。这点在前文的讨论中已很明确。我们现在要说的是牛顿在微积分研究中的贡献。关于微积分学科体系，牛顿和数学家莱布尼茨谁的贡献更大或最先建立，一直存有争议，我们没法判别这一点，但可以肯定的是，在将微积分引入物理学计算方面，牛顿无疑是最大的功臣。

此外，牛顿将定积分和不定积分关联起来，并确认定积分（一维）就对应被积函数覆盖的面积。

微积分的引入，使我们认识到积少成多的道理不仅可针对有限的数字，还可从无限小开始。无限小或者说极限概念的引入是一个物理学、数学乃至思维的革命，这个观念一直在主导人类，特别是物理学家和数学家的思维方式，直到量子论的出现。即使量子论否定了无穷小的概念，也不会取代宏观动力学中采用的极限概念。

牛顿在神学方面的研究占用了他很多的精力和时间。在这本书中就不涉及这方面的内容了。

牛顿曾任英国铸币厂厂长，也许他可以把数学、物理方面的才智用到现实生活中吧！

此外牛顿还炒过股，虽然很不成功，但这件事说明牛顿也不是一个不食人间烟火的"超人"！

无论如何，所有物理学家都将牛顿视为物理学的 0 级科学家（按成就将物理学家分成 1,2,3,… 级，而牛顿是超越所有现在或过去的物理学家的存在，因而说他是 0 级），没有他就很难有今天的物理学和今天我们享受的人类文明。李政道先生在他绘制的物理学群星闪耀图中将古希腊哲学家亚里士多德放在最中间，周围的一圈有伽利略和牛顿，李政道先生谦虚地将自己和杨振宁放在第 5 圈。这样看我们这些物理学家也许只能排在第 20 圈之外了！当然，人类对自然界的认识总会不断前进和深入，没有牛顿，也许会有可以和他相提并论的其他物理巨人出现，但那不过是今天人们的猜想吧！

第二章 物理学的实验和理论研究

维尔切克指出了物理学被区分为实验物理和理论物理的真谛：物理被"方便"地分为两大分支——理论物理和实验物理（老一代物理学家在研究工作中不是这样区分的）。原则上，区分成这两大分支都是为了更好地了解实体世界，只不过它们各自使用的工具不同。

粗粒化和微扰论——误差的存在和分析

物理学归根结底是实验科学，几乎一切理论的建立都是基于实验观测和测量的。因而数据的累积和分析是至关重要的，而其中最重要的是如何去伪存真，得到正确的结论，再上升到理论。这一切都与粗粒化和微扰论有关。而能够做到这些的一个大课题就是进行误差分析。

前面我们已经指出，没有粗粒化数据，伽利略就不能得到他的结论。同样，由于自然界太复杂了，我们没法在计算中排除各种干扰因素。但实验物理学家仍然很努力地排除这些干扰因素。例如，迈克耳孙为了排除实验室中的干扰，将他的干涉仪放在注满水银（学名为汞）的池子内，以最大限度减少震动。美国测量引力波的装置包含完全相同的两套干涉仪，分别放置在相距几千千米的两个基地。当引力波来到时，这两套仪器必须同时动作，并且给出完全一致的反应曲线才可以排除偶然因素的影响，例如附近发生的小地震，甚至汽车引起的震动。当然，基地的选址应远离人类活动频繁的区域。再有，探测中微子时要排除宇宙线的干扰，将装置放在地下几千米，等等。

误差有两种：系统误差和偶然误差。系统误差是指测量过程中所用的仪器、设备，以及所处的实验环境造成的误差。

前面所说的也就是系统误差的来源和降低系统误差的策略。当然，我们永远不可能完全排除系统误差，因为没有任何方法和仪器可以做到尽善尽美，毫无瑕疵，只要是人类的制品，就会有不足。然而，改进实验条件和设施是要花费大量资金的。例如，在地下几千米做中微子实验往往会利用废弃的矿井，这就存在安全隐患和矿物质污染的问题，也会给实验者的生活带来极大的不方便。我国的锦屏地下实验室（主要进行暗物质探测）完美地解决了上述问题，是世界上唯一具有优越实验条件的基地。

　　另一种误差是偶然误差，这是在实验过程中由于偶然因素而出现的偏差。例如，要测试你对某些事物的反应时间，可以做这样的实验：让一个米尺自然下落，你感觉到就立刻抓住它，当然这个延误时间就对应米尺上的标度。做几十次后，你会发现每次记录的标度，也就是你的反应时间是不同的，但都在一个平均时间的附近，偏离值也是在某个范围内。这个偏离值是偶然的，也就是偶然误差。做了 N 次后，就可以得到一个反应时间的平均值 T。假如存在一个真正的时间反应值 T_0，测量到的这个平均值 T 就会和 T_0 有偏差，这就是偶然误差 τ，

$\tau = |T - T_0|$。随着测量次数的增多，偶然误差就会减小。理论上当你测量无穷多次，$\tau \to 0$。当然不可能测量无穷多次，偶然误差也就必然存在，这是个统计学问题。误差和 $1/\sqrt{N}$ 成正比，其中 N 是测量次数。

实际上还有一个误差来源：理论输入误差。它包含两个方面。一方面，当我们测量一个过程的产出量时，需要扣除所谓本底，以保证得到的结果是真正要测量的量。本底是由某些相关过程（不是要测量的过程）产生的，而且来源可能是多渠道的。原则上，我们需要根据已经确认的正确理论来计算这些本底。当然，由于现行的理论并非完备的，相应的参数也具有不确定性，因此计算出的本底就先天性地带有误差。在以它为依据扣除本底时，误差就自然存在了。另一方面，对实验数据的分析和整理通常是需要理论支持的。例如，对于散射实验，要得到末态产物的空间和动量分布等参数，就需要采用合理的手段进行分析，如分波分析等。而分波分析是对每个分波（对应不同的轨道角动量）做分析，原则上要分析无穷多个分波才能得到正确的结果。但即使有大型计算机，这也是不可能的。因而，我们必须要"截断"这个序列，只对前面几个分波做计算。那么几个合适呢？为了保证精度，分波越多越好，但从有效性看，要根据计算能力、人的资源等来定。这就需要从理论上分析，也就是我们前文讲的粗粒化和近似化（对应微扰法）。

即使这样，也不可能进行完整的解析理论计算，因为牵扯的过程和参数太多了。在实际的研究工作中用的是蒙特卡罗法，也称为博弈论方法。简而言之就是根据设定的理论，让计算机来做实验。这是统计的方法，显然就存在统计误差。

要得到合理的结论，必定要用粗粒化方法和微扰法，这样才能为最终上升到真正理论的层次做好准备。

镜像法——看得见的数据

理论上，我们在做电学实验时要用到无限长的导线，但事实上世界上没有这样长的导线。作为替代，我们可以将一截导线放在水平面上，由于镜像反射，就相当于用无限长导线的效果了。这是在大学里进行的实验。但从思维上，我们需要将有限范围的实验结果延伸出去，以得到更广泛的物理图像，也许我们可以将这种做实验的思维方式称为镜像法。

让我们回顾一下历史上出现过的几个有趣的测量实验。

地球的半径：在公元前 3 世纪时，人们已经认识到了天圆地方是错误的概念，人类居住的地球近似于球，而不是无限延展的平面。当时的航海家也想知道这个球的半径是多少千米。在古希腊时期的赛伊尼（今阿斯旺的旧称），夏至那天太阳正好悬在头顶，因而一根直立的杆子没有影子，而距离赛伊尼一段距离的亚历山大城，根据杆子影子的长度可以计算阳光与杆子的夹角 α，弧长 L（近似为直线）为两城间的距离，$L = R\alpha$，L 和 α 已知，即可以算出地球的半径 R。让人印象深刻的是，公元前 3 世纪古希腊人的计算结果和现代观测得到的数值非常接近。

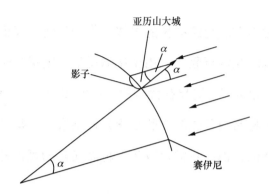

距离的测量原理示意图

　　计算地球的质量就不那么容易了。根据牛顿的万有引力公式，我们可以得到 $g = G_N M / R^2$。g 是地球表面的重力加速度，是可测的。例如在北京，它近似为 $9.8 \mathrm{m/s}^2$。R 是地球半径，M 是要测量的地球质量。问题来了，要通过这个等式计算 M，关键是要知道 G_N 这个引力常量，但这可不是一件容易的事。在地面上，我们认为 G_N 是个普适的量，在天上和地上都是同一个常数，用精确的扭摆可以测得精度很高的值。当然，有了地球的质量、向心加速度和这个引力常量，我们就可以知道太阳的质量，但要先知道地球到太阳的距离。

　　测量遥远物体距离的方法早就被我们的祖先想到了，那就是三角测距法。L 为地面上可应用的距离（基准距离），h 是远距离物体到测量面的距离，β 是测量的瞄准角（$\beta = \dfrac{\pi}{2} - \dfrac{\alpha}{2}$），简单的计算表明 $h = \dfrac{L}{2}\tan\beta$。如果被测物体距离很远，即 $h \gg L$，那么 β 就很接近 90°，测量的误差由此产生。h 越大，越不容易测准。为减小误差，L 就需要很大，在地球上，最大的 L 就是地球的直径。但对于更远的天体，地球的直径就不够了，怎么办？人们用地球绕太阳公转的轨道直径作为基准距离来进行测量（至少增大了几万倍）以保证测量精度。但要测量更遥远的天体时，这个方法就不适用了。目前是根据星体的亮度来测算的。这已是非常专业的研究，这里就不再深入讲了。

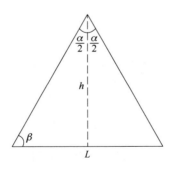

测量遥远物体的方法

那么，测量微观粒子的加速器是怎么一回事呢？今天我们知道物质是由分子、原子等构成的，原子是由原子核和外围电子构成的，原子核又包含质子和中子（统称为核子），而核子是由夸克、胶子（后面还要详细介绍）构成的。这样一级一级地深入下去，什么时候是个头呢？暂时先不管这个恼人的问题，让我们来看看实验怎么判断这些构成的。比分子再小的结构，我们的肉眼就没法看清了。要探索更深层次的结构，就需要仪器。本书后面会专门介绍人类为了解物质做了哪些努力。最主要的手段是制作高能量的加速器。

材料的检验

在了解现代物理研究之前，首先要看的是人们几千年来怎么分析每天发生在自己身边的宏观现象，这是和人类的切身存在有直接关系的，也是改进人类物质文明不可或缺的。现在让我们暂不考虑材料的微观结构，而仅了解如何测试材料的宏观性质。当然，这些数据会为分析这种材料的微观结构提供依据。

张力测试：材料的抗拉强度是最重要的机械特征之一，这里展示的装置是工业和实验室中比较原始的测试抗拉强度的工具，例如，测试一种金属丝的抗拉强度，可以通过尺子上的刻度和负载的质量表示负载对金属丝的张力，可增加负载直到金属丝断裂。

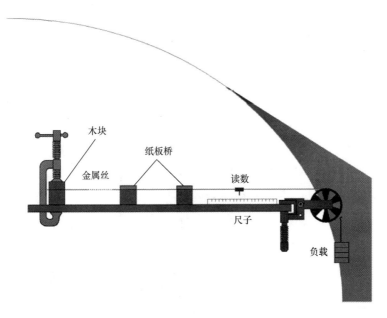

木块

纸板桥

金属丝

读数

尺子

负载

张力测试示意图

压力测试：测试材料的抗压性能，了解此材料能承受的最大压力。

　　这只是一个示意图，当然在几个世纪前确实是用这种简单装置来测试材料的抗压性能的。当我们不断增加施加于样品上的压力时，不仅可以看到材料在加压下的形变，还可以获知材料的抗压极限，也就是材料毁坏时所受到的压力。现在的材料抗压性能已经远不是几世纪前可比的了，测试设备变得很复杂，例如万吨水压机等。

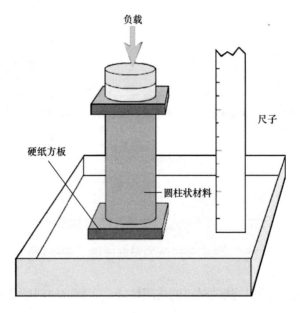

压力测试示意图

硬度测试：检测材料表面对刮或锯操作的抵抗强度。图中被测材料在底端，上面放一个很硬的金属冲击棒，在一个空圆导管上端放一个重物，它落下来后冲击金属冲击棒，在被测材料表面会产生形变，改变重物质量可以测试材料硬度。

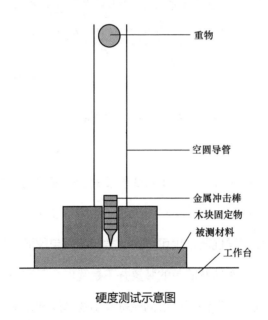

硬度测试示意图

热传导性能测试：3块胶布附着在待测导热杆（不一定是金属）的不同位置，它们到热源的距离递增。测量它们的温度，就可以知道待测导热杆传导热的能力，从而得到导热系数。

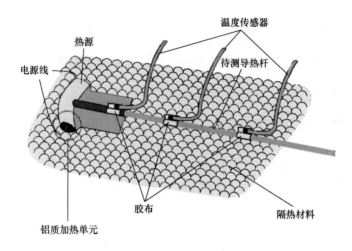

热传导性能测试示意图

这里只给出几个最简单和最直接的例子来说明怎么用最简单的设备和仪器来检验材料的机械、热传导性质。对于材料的电磁性质和光学性质，也可以设计类似的简单仪器来检验。请读者注意，虽然这些简单的装置并不是我们今天测量相关材料的精确仪器，但它们却是根据最基本的物理原理来检验材料性质的最基本也是比较原始的装置。人类就是从使用这些简单工具开始物理实验研究的。今天，人类使用的复杂仪器可以达到相当高的精度，但也需要借助各种其他手段、仪器和理论分析。原理就是原理，一切从此出发！

信号——远程传输和测量

在观测客观世界的进程中，人和人、人和仪器、仪器和仪器间的交流至关重要，因而将取得的信息及时、准确地传给另外的参与者是保证任务顺利完成的关键。在信息的传递和转换中，保密成为不可或缺的基本要求。在战争中，以各种方式获取对方的信息，并保护自己的信息不被敌方窃取，就成了战场博弈的重要环节，在一定程度上决定了战争的胜负。古代运送信件的快马、信鸽传书和抗日战争时期的鸡毛信已成了历史，在今天以物理作为基础的高科技为信息传递开辟了又快、又准确的方式。但如何增加传输信息的量，保护信息不丢失，不被对手窃密仍然是世界上的顶尖科学家和研究单位角逐的赛道。是"道高一尺，魔高一丈"还是"魔高一尺，道高一丈"，就要看谁掌握了更新的科技成果。美国从第二次世界大战后一直占据科技领先的地位，但我国的科技近年来也得到快速发展，例如，5G技术和量子传输领域的发展，墨子号通信卫星发射成功并承担了通信任务，北斗系统将全面代替GPS导航，等等，这一切都标志着我国在通信领域已开始占据主导，今后还会取得更大的进展。

　　将信息无论是以语音还是文字，抑或是图像或其他形式传输出去，都不可避免地需要载体，古代的载体是快马或信鸽，今天电磁波几乎是唯一可利用的载体。看电视、用手机发短信、传送电子邮件，乃至和宇宙飞船上的航天员通话、给飞船发送指令，都离不开电磁波。当年赫兹用实验证实了麦克斯韦方程组关于电磁波存在的惊人预言，但赫兹却认为电磁波不可能有什么实际用途，而是后来的波波夫和马可尼真正将电磁波变成人类最大的依靠！很难想象，没有电磁波我们的文明世界会倒退到什么时代。在后面的章节中我们还要讨论电磁波和麦克斯韦方程组！

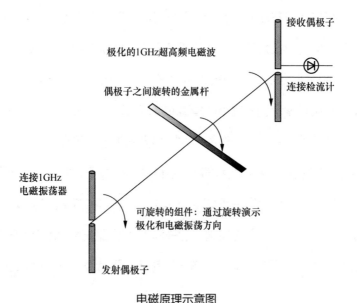

电磁原理示意图

这是一个简单的示意图，电磁波是由电磁振荡器发射的，在远距离有一个简单的电偶极子接收器。当然，要提高传输效率，一般要用超高频电磁波做载波，也就是载波的振幅或相位被要传送的信息波（如语音，是很低频的波）"调制"，在接收器上再通过解频，将信号取出来。这一切是非常复杂的，看看我们最熟悉的电视机就知道这个过程有多复杂了。然而，不论细节多复杂，物理原理都很简单！在讨论麦克斯韦方程组时我们再来讨论其中的物理原理。

再论加速器

前面我们已经简单论述了加速器对探索物质微观结构的不可或缺性，现在让我们稍稍再多涉及一点这个极具挑战性和非常有趣的话题。

微观世界是由量子力学主导的，其原因当然是微观客体的尺寸都很小，比我们熟悉的宏观物体小很多。除此之外，微观客体还有一些与宏观物体完全不同的特性，在量子力学中我们会进行较详细的讨论，在此仅仅给出一个与测量直接有关的微观客体的特性，这就是不确定性原理，也译为测不准原理，简而言之，就是微观客体的动量和位置不可能同时有确定的值。$\Delta x \Delta p_x \geqslant \dfrac{h}{2}$ 这个公式可以这样理解：为了把一个微观客体的位置尽量测准，就要使测量用的电磁波的波长尽量短，即要求 $\lambda \approx l$（l 很小），但 $\lambda = \dfrac{c}{\nu}$，λ 越小，频率 ν 就越大。

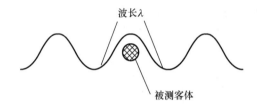

被测客体小于波长 λ 的示意图

而电磁波的量子（光子）的能量 $h\nu$ 也就越大，对微观客体的冲量就越大。根据动量定理，这个冲量必定改变微观客体原有的动量，对小波长的要求（测量微小客体的位置）就造成动量的不确定性增大。问题来了！要看到分子、原子、原子核和越来越小的内部结构，就要求越来越大的动量（Δp），也就是越来越高的能量！于是为了"看到"微小的结构，高能加速器就应运而生了。所谓加速器，是将"粒子束"在电磁场作用下加速以得到巨大的能量。根据相对论公式，粒子的能量为 $\dfrac{mc^2}{\sqrt{1-v^2/c^2}}$，当粒子的速度很接近光速时，具有的能量很高。我们通常用 eV（电子伏特，即一个电子被 1V 电压加速得到的能量，$1\text{eV} \approx 1.602 \times 10^{-19}\text{J}$）做粒子能量的单位。北京正负电子对撞机（BEPC）所产生的能量为 3 GeV～5 GeV（$1\text{G}=10^9$）。下面是 BEPC 的结构示意图。

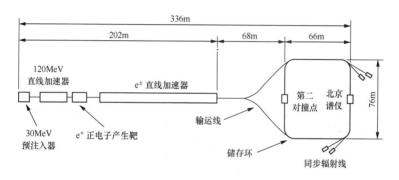

BEPC 结构示意图

现在能产生最高能量的加速器是在日内瓦的欧洲核子研究组织（CERN）的大型强子对撞机（LHC）。该装置可让两个质子对撞，产生的总能量为 14TeV（$1\text{T}=10^{12}$），也就是说每个质子（也就是氢原子核）带有 7TeV 的能量！这个加速器的环形部分周长为 43km，它的用电量极大。它由 4 个大型合作组来负责，每个合作组负责一个大型探测器，分别是紧凑缪子线圈（CMS）、超环面仪器（ATLAS）、LHC 底夸克（LHCb）和大型离子对撞机（ALICE）。每个合作组都由几千位物理学家和工程师组成，他们的文章发表出来时，作者名单比整篇文章还要长。

欧洲核子研究组织

探测器

　　除了我国的 BEPC 和欧洲的 LHC，根据不同的研究目标，目前世界上还存在各种各样的加速器，如固定靶加速器——靶核固定，加速带电粒子束，撞击靶核，这实际上就是卢瑟福实验的过程。但为了获得极致的能量，现在都采取对撞的方法，有正负电子对撞、电子-质子对撞（深度非弹散射）、质子-反质子对撞（美国费米国家加速器实验室的 Tevatron）、质子-质子对撞（LHC），以及重离子对撞，还有电子-离子碰撞，等等。这些方法中采用的加速器所涉及的能量和研究对象是完全不同的。还要指出的是，有了加速器，还需要有优良性能的探测器与之配合，这是一种非常精密的大型设备。它非常复杂，除了物理知识，它还需要采用最新的高科技成果，如超导磁铁。

我们国家有了 BEPC 之后，在粲能区获得了出色的成果，得到了国内外物理学家的高度赞誉。经过几次升级后，工作在 BEPC 上的探测器目前到了第三代，BEPC 已经是世界上在此能区唯一还在运行的加速器。在此要答疑解惑一下，有人问：既然我们有了高能（14TeV）加速器，为什么还要低能（5GeV）加速器？要知道，不同能区研究的物理内容不同，例如 BEPC（相应的谱仪为 BES III）就在粲强子和τ子物理方面实现了更高级别高能加速器无法达到的精确测量。

人类经过上百年的努力，已经建造了许多加速器，从几兆电子伏特到 14TeV，能量提高了百万倍，亮度提升了几十个量级。正如李政道先生所指出的，每个加速器都给参与设计的理论物理学家带来超出预期的意外惊喜。为了探索希格斯粒子的特性，我国的高能物理学家（理论物理学家和实验物理学家合作）正在筹建一个环形正负电子对撞机（CEPC）。由于产生希格斯粒子的最佳反应道是 $e^+e^- \rightarrow Z^* \rightarrow H + Z$，Z 粒子（中性玻色子）的质量是 $90\mathrm{GeV}/c^2$，H 粒子（希格斯粒子）的质量是 $125\mathrm{GeV}/c^2$，CEPC 的对撞能量就应略大于 90GeV+125GeV，也就是 215GeV（例如 230GeV）。这个环的周长为 100km。当这个任务完成后，正如 LHC 利用 BEPC 的隧道那样，将 CEPC 改成质子-质子对撞，能量可以提升 1000 倍，目前的设计是达到 100TeV。它的目标是寻找超越标准模型的新物理，特别是超对称的存在，总之更大的惊喜也许会出现。无论如何，利用这个装置，人类对自然界的组成和基本相互作用的认识也会大大扩展和深入。

读者可能会问，为了得到更多的信息，为什么不直接把加速器做得大大的，这样任何新粒子就都不能逃过我们的探测了？事实上，建造任何一个加速器都是有它的物理研究目标的，这个目标似乎是根据理论物理学家的提议设定的，但理论物理学家常常会出错。例如，在第三代 b 夸克被发现后，由于想构成一个完整的第三代夸克，科学家还需要找到一个比 b 夸克（质量大约为 $5\mathrm{GeV}/c^2$）还重的顶夸克（t 夸克）。在

20 世纪末，理论物理学家猜测顶夸克的质量大概为 $15\text{GeV}/c^2$，因而日本建了一个 30GeV 的加速器 Tristan。因为顶夸克要成对产生，所以能量为 $2m_{\text{t}}$，但这个尝试失败了。由于没找到顶夸克，日本的科研人员又将加速器的能量提升了一倍，达到 60GeV，但仍没找到这个神秘的粒子。最后，通过美国费米国家加速器实验室的质子-反质子对撞机 Tevatron（能量为 1TeV），科学家们找到了顶夸克，它的质量为 $176\text{GeV}/c^2$，大大超出当年理论物理学家的猜测。建造一个大型加速器是很费钱的，因而在提议和确认建造加速器时，人们要对加速器的类型、能量范围和亮度标准，当然最重要的还是物理研究目标，进行综合考虑。目前建造大型加速器是希望找到超越标准模型的新物理，但世界上没有一个人知道新物理的标度在哪里。我们会不会重蹈覆辙呢？这是谁也没法给出保证的，但科学，特别是物理学就是这样发展起来的，总是要有点冒险的。失败和成功是一对双胞胎，不是吗？

除此之外，寻找超高能光子的实验、寻找暗物质和超高能中微子等实验，需要不同的环境、设备，乃至分析方法。因为它们有各自的特点，我们在相关章节中再予以介绍。

利用微扰论验证理论

我们前面已经阐述过实验一定有误差，而且在探讨微观世界时我们很难得到直接的结论，尤其是微观亚原子层面的理论是远远不够完备的，要从实验现象总结出理论绝不是一件简单的事。

从中学和大学的物理教科书中，我们总能得到一个印象：物理学家们做了几个实验，就从中总结出震撼世界的物理定律。事实上，虽然有偶然发现，如伦琴射线、贝可勒尔（又译为贝克勒耳）发现核的放射性衰变等，但要真正得到物理定律，需要经过非常艰苦和深入的研究。例如，贝可勒尔无意中发现被黑纸包裹的镭核（化合物）能使临近的相纸曝光。为了弄清楚其中的物理原理，居里夫妇进行了多年的努力，做了大量艰苦的工作，他们从废沥青中提炼镭元素，检验它的物理、化学性质，才取得成功。然后又经过多年的研究，特别是卢瑟福、居里夫人等人的研究，才有了我们今天关于原子核衰变的理论。科学道路上绝没有轻而易举就成功的事。

法拉第在看到电可以产生磁效应时，就坚信磁也可以产生电效应。他设计了一个包括电流计线圈和另一个通电的线圈的电路，希望通过这两个线圈的耦合来检验磁诱导出电的猜想，后来他又用条形磁铁代替通电的线圈，但始终没有看到电流计的指针偏转。他连续做了几年的实验，都以失败告终。终于有一天，他让助手观测电流计，就在他接通电源的一瞬间，他的助手看到电流计的指针动了，当他切断电源时，电流计的指针又动了，只是和接通时摆动的方向相反。于是法拉第明白了，不是磁场产生了电效应，而是磁场的变化产生了电效应。

$\varepsilon = -\dfrac{\Delta\Phi}{\Delta t}$（$\varepsilon$是感应电动势）体现了这个效应，其中负号是楞次引入的，它在电磁波理论中起到了关键作用，我们在讨论麦克斯韦的理论时会特别介绍它。法拉第的数学功底比较差，所以达到这个层次就停止了。精通数学的麦克斯韦将这个关系写成微分形式 $\nabla \times \vec{E} = -\dfrac{\partial \vec{B}}{\partial t}$，整个理论的意义就完全不同了。它成为麦克斯韦方程组中的一个方程。

实验得出的数据所构成的不是理论所描绘的完美、光滑

的曲线，而是如下图所示的测量 R 值的曲线。R 的定义为

$R = \dfrac{\sigma\left(e^+e^- \rightarrow \text{hadrons}\right)}{\sigma\left(e^+e^- \rightarrow \mu^+\mu^-\right)}$。在这个实验中，北京谱仪对 R 值

（2GeV～5GeV）的精确测量做出了贡献，这可是世界领先水平

的成果，获得了国家自然科学奖。

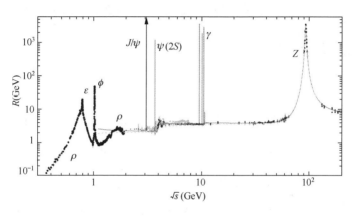

实验结果呈现的曲线

由于测量误差和中间出现的一些强子共振峰，抽取物理内

容就变得比较复杂。在 3GeV 附近我们可以看到有一个平台突

然出现。这是由于在这里达到了粲夸克对的能量，因此原来的 R

值 从 $3\text{GeV} \times \left(\dfrac{1}{9} + \dfrac{1}{9} + \dfrac{4}{9}\right) = 2\text{GeV}$ 变 成 $3\text{GeV} \times \left(\dfrac{1}{9} + \dfrac{1}{9} + \dfrac{4}{9} + \dfrac{4}{9}\right)$

$=\dfrac{10}{3}\,\mathrm{GeV}$，提高了约 66.7%。这个平台验证了丁肇中先生找到的粲夸克的质量，也对量子色动力学理论给予了支持。然而为什么会是这个能量值？这需要理论物理学家和实验物理学家共同努力，将一些涨落干扰和共振之类的物理影响排除，才能得到合理的结果。这个例子告诉我们，从实验数据中抽取物理结果绝不是容易的事。

我们在前面已经做过论述，让我们再强调一次：为了进行合理的分析，去伪存真的过程有几种理解和研究数据的方式。由于各种条件带来的不确定性，例如理论输入参数的误差，设备、测量仪器的系统误差和随机的偶然误差，特别是与所测量反应道相关的"背景"都需要认真研究，尽可能地排除。实验物理学家通常采用蒙特卡罗法，也就是请计算机"帮助"做实验，发现那些可能的不确定因素。将之排除后，剩下的就是我们期待的真实信号了。为了得到精确的模拟结果，需要强大的计算机硬件和软件程序。

在分析数据时，首先要在已经成熟的理论中寻找依据，看是否能通过这些理论对数据给出合理的解释；然后对已经剥离背景的"纯"数据进行分析，写出合适的经验公式并准备做进一步的研究；最后才是理论物理学家大显身手的时刻，看看是否能升华出前人未能得到的新理论。例如，开普勒写出了太阳系中行星运转的"经验"公式，而牛顿才是将之升华到万有引力的理论物理学家。

分析实验数据时，理论物理学家最希望找到所谓"反常"，即数据和现有理论不符的地方，这时理论物理学家可以构造各种模型和理论去解释，从而推进人类对自然界的理解。顺便说一下，这些理论物理学家构想的新模型绝大多数是错的，要证实或证伪都需要在别的实验中找到支持或否定的证据，这是一个漫长、艰苦但非常引人入胜的过程！

当然，我们在初期只能用微扰论，即对被广泛接受的成熟理论进行略微修正。例如，在其中增加一个小项，然后用它来"微扰"原来的结构，看看是否能得到实验中观察到的"反常"。理论物理学家的期望是超越"微扰"，提出全新的理论，但这可不是件容易的事，因而微扰是理论物理学家经常采用的策略。

第三章 当数学遇到物理学

数学在物理学中的重要作用

在牛顿之前似乎没有物理学家将数学与物理学紧密结合，虽然他们重视观测和实验，但一切理论都停留在描述阶段，因此当时的物理学家无法对自然界中发生的事情和人们观测到的天文现象做出合理的解释，特别是不能对观测数据做出精确的预言。当牛顿将微积分引入物理学，一切都变了，物理学取得了石破天惊的进展，从那时起它就区别于其他的科学分支了。

反过来，物理学的发展给数学提出了新的问题和要求，促使数学家开辟新的研究领域。

举个简单的例子。电磁学理论建立后，诸如安培定律、法拉第定律等都用微分方程的形式表达，解这些微分方程就可以得到电磁场的精确解。当年英国工程师亥维赛（为电磁学做出了很大贡献，是优秀的实验物理学家）的数学基础比较差，他不会解微分方程，就异想天开地发明了算子法，也就是将微商写成 P，积分写成 $1/P$，这样微分方程就简化成代数方程，任何中学生都会解了。他的算子法还真取得了一定的成功，对一些电磁微分电路（对电感来说，电压是电流对时间的微商；对电容来说，电压是电流对时间的积分）能得到合理的解。但人们很快就发现，对其他问题用它就得不到正确的解了。这个问题到了大数学家拉普拉斯手里，拉普拉斯成功地在算子法的基础上建立了合理的数学框架，这就是今天我们熟知的拉普拉斯变换。

还有一个例子，就是狄拉克 δ 函数，它的定义颇为奇怪，$\delta(x)$

只在 $x=0$ 处为无穷大，其他 $x \neq 0$ 的地方为 0。这个"函数"不符合数学上关于连续函数的定义，所以一开始受到数学家的批评。但这个函数对解决物理问题非常合适，所以应该有意义。数学家接受了这个挑战，开展了深入研究，真正打开了通向广义函数这个新天地的大门。

数学和物理学的相互促进是 19 世纪以来科学史上最成功的发展模式。

几何和代数

虽然有关几何和代数的问题十分深奥，但我们试图从一个简化的模式出发，做些在数学家看来比较浅薄的分析。从初中开始我们就学习了几何和代数，但它们是两门不同的课，尽管它们都是"数学"课。

几何是关于图形和对称性的学科，我们熟悉的是欧几里得几何（简称欧氏几何）。在欧氏几何中，两条平行的直线永远不会相交。这个学科研究的对象是图形。在平面几何中基本的元素是直线、三角形、圆、椭圆等，而在立体几何中研究的对象是多面体、球、椭球等。平面是二维的，立体空间是三维的。"维数"的概念从物理角度看就是自由度，平面上的自由度是 2，一个点可以前后左右地运动，因而它的坐标就由 x 和 y 来标示。而在三维空间中，自由度就是 3，质点不仅可以前后左右地运动，还可以上下运动。让我们保留维数的概念，也就是自由度，但不再局限于平面，而扩展到二维曲面，看看我们能得到什么新的图像。一个球面和一个茶杯都是二维曲面。可以这样想象，一只蚂蚁在一根悬浮在洪水中的稻草上爬行，尽管稻草不是直的，但蚂蚁没有选择，只能被约束在这根稻草上，或进或退，但不能往旁边走，这样它的自由度是 1。如果它被困在一个点上，它的自由度就是 0。一只乌龟在地上爬，它被限制在地面上，哪怕在山上爬，那也是二维的，自由度为 2。相应地，一只鸟在天空飞，它就占有了三维空间，自由度为 3。是不是有四维空间？答案是"有"，但不是我们平常意义中的四维。试想，纽约和北京分别在地球的两侧，它们之间的最短连线是在地球上连接两个城市的一条弧线，这是一维的线。但任何一个飞行员（飞机在三维空间飞）都不会沿这条弧线飞。为什么？它不是最短路径吗？

答案就是地球还在转啊！等飞机起飞后，飞行了一段时间，这条弧线就不在原来的地方了，这样我们就引入了第四维——时间维。沿着四维时空中最短的路程（在相对论中我们称之为"测地线"，在本书讨论广义相对论时我们还会再多说一些）飞，才是飞行员的最佳选择。这方面的学问是几何学中的一个分支——拓扑学。它规定许多图形或空间结构是拓扑等价的，例如，一个球和一个盘子就是拓扑等价的，也就是有相似的几何性质。飞机从地球一侧的城市飞往另一侧的城市，对拓扑等价的盘子来说，两个城市在盘子的两个面上，但你不能在盘子上钻一个孔把两个城市粘在一起。要从一个城市到另一个城市，需要先到盘子边缘，绕过去，才能抵达另一个城市。

再看看对称性。什么是对称性？维尔切克指出，对称性就是"不变之变"：部分变了，但总体（物理）没有变。例如：一个等边三角形，旋转 60°，整体没有任何变化；一个等腰三角形，翻转 180°，整体也没变。这就是"分立"对称性。我们在解几何证明题时就需要不断利用图形的对称性。在物理学的各个分支中，对称性都起到了极为重要的作用。晶体结构、河中的水流、空气中的涡流、机械设计的方方面面都要涉及对称性的研究。

相应地，代数是关于数字的学科。它不计较大或小，在代数中，大数和小数同样重要。为了计算方便，又引入了对数、指数（后来被物理学家利用，它们不仅使物理推导中的计算变得方便，还反映了自然界的规律）。此外，在数字序列中又有排列和组合，它们将问题中所涉及的数字合理地排列，并从中发现规律。数字可以小到小数点后几十位，特别是在微积分中，数列可以取极限。这样我们就能对两个不同的物理量做精确的比较，而且趋近极限的速度也体现了相应的物理实质。例如，加速度就是速度对时间的微商，它的大小体现了趋向极限的"速度"。极限这个概念似乎与几何学相抵触，但本书在后面介绍微分几何时，读者就会发现它们悄悄地向彼此靠拢了。

但最有启发性的是，当我们在初中的几何课上要证明两条线段长度相等、两个角相等、两条线平行等时，需要绘制许多辅助线，还要证明三角形相似、全等，很麻烦。到今天我都觉得小学时的鸡兔同笼那样煞费脑筋的难题与上述问题相似，也有点几何的意思。然而有了代数，一个简单的代数方程组就能解决鸡兔同笼问题，非常容易。同样，当我们学习了解析几何，几何的证明就变得非常简单、一目了然了。在解析几何中，直线就可用方程 $ax + by = c$ 表示，圆就可用 $(x - x_0)^2 + (y - y_0)^2 = R^2$ 表示。

三角形就是由 3 条线段构成的，此外还有正弦定理、余弦定理可以决定角度和边长，并且借助正弦和余弦定理，所有角度的正弦、余弦和正切都成了数，那么一个几何关系的证明就变成一组代数方程的求解了。这应该很直接，也很容易。即使复杂些，利用计算机瞬间也就得到结果了。于是几何就变成代数。是否有了代数就不需要几何学，是这样吗？难怪古希腊数学家毕达哥拉斯的信条是"万物皆数"!

在这里我想明确一个概念，在物理学中我们说的有效数字，是和实验精度相关联的。你写 3/2=1.5，这没什么疑问，但你写 10/3=3.33333…，就有点麻烦了。你可以把循环小数无穷尽地写下去，但有用吗？数学上没问题，但在物理学中不对！物理学中的数必须是"有效"的，取几位是由实验精度决定的。假如你的电流表只能读到小数点后两位，你写 $10/3 \approx 3.333$ 就不对了。有些学生往往觉得多写几位数表示做得好，实际上是错的。还有一些事需要注意。我在大学无线电课的考试中，得到的理论推算结果为π/2V，和同学互检结果都对。正当我们窃喜时，卷子发下来了，老师给打了个叉。我们不理解，问老师我们错在哪儿。老师说，电压计能读出π/2吗？答案应该是 1.57V。我们如梦初醒，物理学和数学还是有区别的。

万物皆数

毕达哥拉斯是基于直角三角形的公式 $x^2 + y^2 = z^2$，也就是我们所说的勾股定理，而得出"万物皆数"的猜想的。随之，大数学家费马提出 $x^n + y^n = z^n$，当 $n > 2$ 时永远没有整数解，但他没有给出证明。直到 1995 年费马大定理才被英国数学家安德鲁·怀尔斯证明了。毕达哥拉斯的弟子们也注意到了"万物皆数"这个悖论，也许毕达哥拉斯自己也认识到"万物皆数"的说法是不对的了。然而，从前面的讨论中，我们似乎还感觉几何可以被代数代替。

还有一个值得注意的方面。物理和数学的最大区别在于：数学只讨论纯粹的数字；而物理涉及的物理量，不仅有数还有纲，后者我们称之为量纲。一匹马和一辆汽车都是1，但显然它们不是一样的东西，是不能把它们简单求和的，除非你把它们折合成现款再求和，但那时量纲就一样啦。现代物理中有一种"自然单位制"，即让 $\hbar = c = 1$，也就是让约化普朗克常数（符号为 $\hbar$，h 为普朗克常数，$\hbar = h/2\pi$）和光速无量纲化。将它们无量纲化是基于两个物理学中的"定理"：量子力学的参数 $\hbar$ 和真空中的光速都不依赖参考系的选取和其他物理参数，因而可以把它们置为 1。当需要回到普通的物理量（数字）时，只需用 $\hbar$、c 来调节即可。读者可自行取任意一个物理量，如能量、动量等来验证。这样就只剩下一个量纲，我们用[E]来表示能量的量纲，立刻可以在自然单位制下写出[E] = [P] = 1/[L] = 1/[T]。著名数学家法捷耶夫告诉我们，如果存在第三个普遍规律（就像相对论和量子论那样的原则），最后一个量纲[E]也可以取作 1，那样所有量纲都消失了，物理就退化成只有数字的数学。当然这是不可能的。从直观感觉来看，我们就知道这不会是真的，那这是否意味着除了相对论和量子论就不可能存在一个新的物理原则了？至少在现今，这是一个没有答案的哲学课题。反正我相信没有这第三个"原则"了！

我坚信，物理学是关于自然界基本规律的科学，而数学是逻辑的科学，它可以独立于真实的自然界而存在。对物理学来说，数学是工具，是强大而有用的工具，但它不会替代研究自然界规律的物理学！

对称和非对称

前文已经阐述了几何学中对称性的含义：不变之变。下面将进一步讨论这个对 20 世纪和 21 世纪物理学至关重要的课题。

研究对称性最主要的数学工具是群论，它将涉及的对称关系写成一些"群元素"，而群论就仔细讨论群元素之间的关系，以及它们之间如何相互转换。这是一个有点复杂的理论，在本书中我只做简单的文字描述，有兴趣的读者可以参考相关专著。

群论在物理上的一个直接应用是维格纳–埃卡特定理：一个物理量可以化成一个物理因子与几何因子的乘积。这个几何因子是由对称性决定的，可以根据群论的方法计算，剩下的物理因子需要根据具体的物理机制计算。这样，两个具有相同对称性但却非常不同的物理量可以联系起来，通过比较（几何因子可以约掉，看上去很复杂的问题就大大简化了）可以对它们的物理机制进行分析。例如，计算两个完全不相干的物理量，它们的物理机制可能完全不同，但对称性相同，因而所决定的几何因子就相同。其中一个物理量可能已经被实验很好地测量了，那么通过比值，就可以完全确定另一个物理量的数值，从而对它的物理过程做进一步分析。这种例子在凝聚态物理中很普遍。

上面我们介绍的是所谓分立对称性，例如等边三角形，但更有意义的是连续群，也就是人们常说的李群（Lie group），它的群元素是连续变化的，群是由几个生成元决定的，对它的研究就是李代数（Lie algebra）。听着似乎很玄，但看几个例子就会清楚了。空间平移群是指改变（平移）空间坐标（x, y, z）的操作，旋转群是指对空间矢量做旋转的操作，它们的生成元分别是线动量和角动量。研究这些有什么用呢？在物理上这类研究简直是惊天动地的大事！

将对称性的研究推向巅峰的是德国数学家埃米·诺特（又译为埃米·纳脱）。经过多年的研究，她提出了至今仍被物理学家和数学家奉为经典的诺特定理。诺特将极具远见的对应关系"理想↔真实"，变成了一条数学定理"对称→守恒定律"。在这里我稍稍多解释一下。诺特定理表明，空间平移不变性（空间对称）导致动量守恒，时间平移不变性（时间对称）导致能量守恒，空间旋转不变性（空间对称）导致角动量守恒，洛伦兹群不变性（时空不变性）导致相对论的能量−动量守恒，还有比较抽象的 U(1)对称性导致电荷守恒，等等。这个伟大的数学定理奠定了 20 世纪物理学的基础。其实，我们从日常经验出发就能对这些结果有所理解。时间平移不变，例如，昨天做的实验、100 年前做的实验和今天做的实验，以及 100 年后做的实验结果完全一样（当然，实验条件不能变）。其原因就是能量守恒,100 年前的动能加势能和今天的数值完全一样！诺特定理将这种朴素的理解上升为理论，是用李群将几何变换与物理量的守恒性联系在一起实现的。

然而有了对称就会有非对称，或者说是对称性被破坏了（专业用语为对称性破缺）。李政道先生指出："对称性展示了宇宙之美，不对称生成宇宙之实！"这句话的深刻含义贯穿了本书的所有章节，我们会不断回到这个重大课题上。

在宏观的现实中，我们不断发现对称性，但绝对的对称是不会存在的。例如，中式古建筑大多是对称的，但在许多细节上又不是严格对称的。这就好像人脸，如果左右完全对称，人就显得很呆板。在微观世界，既有严格对称，如电荷守恒，又有对称性破缺。让我们在讲到粒子物理时再详细讨论这个真正的物理之美！

从前面简述的朴素原则来看，似乎几何学，特别是对称性和拓扑学只针对静止的图像。李政道先生在《对称与不对称》中说过："人类社会的整个进程是基于'动力学'变化的，动力学是唯一重要的因素，静力学不是，因而为什么对称在物理学中被放在如此高的地位？"李政道用滚动的铅笔为例讲述"对称这个概念绝不是静止的，它比通常的含义普遍得多，而适用于一切自然现象"。这个论述也使我们对于对称性的认识延伸到更高层次！

微分几何和量子场论

在本部分，我们只是从物理图像和关于几何与代数的分析出发，简单概述这个有些深奥的课题，有兴趣继续钻研这个方向的读者可以阅读专门的著作。这类教科书有很多，而且出自不同作者之手，深入浅出，内容丰富，涉及各个相关领域和一些唯象学的应用。

理论物理学中有一个惊人的发现是：自然界的动力学是由几何，尤其是其中的对称性决定的！

微分几何在广义相对论中的应用已是科学界普遍接受的，在这里我们只讨论微分几何在量子力学和量子场论中的应用。

让我们从包含电磁相互作用的薛定谔方程开始讲起。人们发现对波函数的相位做局域变化会改变薛定谔方程，除非引入的矢量势 $\vec{A}$ 和标量势 ϕ 都做一个相应的规范变换，而这个规范变换正是麦克斯韦理论中对电磁势所要求的。简而言之，如果允许量子力学的波函数的相位做一个局域变换（由于量子理论允许波函数增加一个相因子），对相因子的微商不为 0，那么相应的微分方程（薛定谔方程）就会改变，也就是物理机制似乎不一样了。这时需要引入一个规范场，当它同时做规范变换，其结果刚好抵消。由于波函数局域相因子的效应，在电磁量子理论中（现称量子电动力学），规范场就是电磁场。

在电磁理论之后，如果这个局域变换不像电磁场 U(1)（指数上的相因子只是个标量函数）那么简单，而是由一些复杂的李群变换构成的"矢量"（在抽象空间）来做变换的，那又怎么样呢？这就是 20 世纪 50 年代，杨振宁先生和米尔斯共同建立的杨-米尔斯理论。在研究强相互作用时，人们发现这个变换群是量子色动力学。由于这个成功的理论，格罗斯、维尔切克和波利策获得了 2004 年诺贝尔奖。目前利用杨-米尔斯理论构造的标准模型 $SU_c(3) \times SU_L(2) \times U_Y(1)$ 非常成功。但在这里我并不想深入探讨这个模型，而是留待后面的章节讨论，我在这里只是强调两点。

首先，要有杨-米尔斯的规范变换，就必然存在相应的规范场，也就是决定了某种物理机制，就像麦克斯韦理论那样。但你怎么知道要做哪种规范变换呢？不出意外，结论就是我们在引言中就说过的："猜"。事实上，许许多多研究者猜了许许多多的群，但实验数据告诉我们，只有这个标准模型是对的！

第二点要说的是杨-米尔斯理论是非阿贝尔群（即非对易群）的理论。当杨振宁先生在复旦大学做关于杨-米尔斯理论的报告时，谷超豪先生就立刻看到这个理论与微分几何的密切联系。杨先生很高兴数学家加入这项研究，于是就邀请谷先生到美国访问。后来谷超豪先生写出一篇非常数学化的文章，发表在物理学的顶尖刊物 *Physics Reports* 上，那篇精彩的文章被当年世界上做弦理论和纯规范理论研究的人奉为至宝，即便它很难读懂。在这个研究中，我们知道了杨-米尔斯理论中的额外项就对应纤维丛的联络（有点深，读者不必深究细节，只要知道数学和物理在深层次上是可以互联的）。

总之，我们看到，物理学与数学是鱼和水的关系，是互相促进的。陈省身先生说过，目前数学和物理只有 10% 的交集，而杨振宁先生比较乐观地估计有 20%的交集。但就是这点儿交集，也给人类文明带来了巨大的突破口。物理学家与数学家互相学习的结果会带来更多的交集，是否会产生更大的震撼？丘成桐先生在他的关于中国的万里长城和大型对撞机的类比中就指出了这种共同的迫切需要。目前的困难之一是，真正的数学教科书对于物理学家来说太难懂，其中的一些术语和阐述方式不容易被接受，所以限制了彼此的交流。我知道一位资深物理学教授当年为了学弦理论，自学微分几何和拓扑学。那时没有给物理学家读的书，他就找了几本数学家用的教科书，然后精心学习。几个月下来，他告诉我，什么都没懂，数学教科书和物理文献上引用的相关知识完全不搭边。好在后来出现了一些专为物理学家写的群论、微分几何等教科书，今天的年轻人不必受这样的苦了，而数学家和物理学家的交流也变得比较容易了。丘成桐先生的关于卡拉比-姚（Calabi-Yao）方面的工作就是最好的典范，尽管仍然很难懂！

注意：以下的讨论仅供一些喜欢刨根问底的读者参考，就算跳过也不影响对主要内容的理解。

根据量子力学的原则，只有波函数的绝对值的平方才有

意义，那么波函数可以做变换 $\psi(x) \to e^{i\alpha}\psi(x)$，这时 $\left|\psi(x)\right|^2 = \left|e^{i\alpha}\psi(x)\right|^2$，物理上没变。如果 α 是个常数，薛定谔方程不变，物理上也不变，就没有任何问题，我们称这类变换是整体变换。但如果 α 是 x 的函数 $\alpha(x)$，问题就来了。它的微商不是 0，那么薛定谔方程就会改变，于是物理上就不同了！这个变换我们称为第一类规范变换。解决的办法是在薛定谔方程中引入规范场，这时它就是电磁场的电磁势 $(\vec{A}, \phi)$。从经典电动力学中我们知道，电磁势可以做规范变换，它可以称为第二类规范变换。当我们同时做第一类和第二类规范变换时，奇迹发生了，它们各自引出的额外效应刚好相互抵消，即这两个变换的联合结果不改变薛定谔方程，也就是物理上没有改变。这说明这两个变换，一个是量子力学要求的，而另一个是经典物理——麦克斯韦理论要求的，它们竟然走到一起了。杨-米尔斯理论说的是将量子电动力学中的 $\alpha(x)$ 换成 $X_i \alpha_i(x)$，其中 X_i 是某个李群的生成元，这时薛定谔方程（或狄拉克方程）中的哈密顿量中就要加上一项正比于 $X_i A^i_\mu$，在这儿 A^i_μ 就是规范场，至于是哪个群，就靠研究者根据自己的直觉和一些实验数据的提示来猜了！

最后我想给年轻物理学家强调有效数字的重要性和实用性。数学计算没有任何限制，你可以算到小数点后面 100 位、1000 位，但在物理中就不同了。例如，你算分子结构，算到小数点后面 10 位，就不再是分子了，而是原子核，再小一些则是核子，然后就到夸克了。在不同的标度下，是完全不同的物理结构和物理机制，高计算精度其实没有任何意义了。再有，理论计算必须与实验数据的精度一致。假如实验误差是 10^{-4}，那你的理论计算到 10^{-6} 就没意义，甚至可能跑偏、出错。物理归根结底是实验科学，理论计算必须与实验保持同步，也许可以略微超前，但不能太远，否则会走上歧路。物理中十分重要的一个概念是标度，这是自然界设置的，是我们无法从纯粹推理的计算中知道的，只有通过实验才能获知它的位置。

第四章 麦克斯韦理论

　　麦克斯韦方程组是整个经典电磁理论的基础，它全面解释了宏观电磁现象，是牛顿的万有引力公式之后，经典物理学的巅峰。学术界认为，麦克斯韦理论是经典物理的终结，物理学要想再进一步就要靠量子力学了。不仅如此，麦克斯韦理论也是规范场理论的基础。温伯格提醒年轻人说："也许你们现在比麦克斯韦对麦克斯韦理论理解得还深、还广，但这绝对不能掩盖麦克斯韦对物理学的巨大贡献。"

　　在这里，我还想和年轻读者说几句话。创新、充实和提高都是不可少的，它们之间的互补关系是进步的基石。创新对科学的贡献意义深远，例如，卢瑟福的原子理论否定了汤姆孙的原子模型，但进一步发展和应用原子理论是无数科学家和工程师完成的。在应用基本理论的同时，对基本理论中可能存在的错误和不足进行更正、修改和补充，这个过程是双向的，是不可或缺的。

有趣的是，自从麦克斯韦理论完成后，我们只看到它在不断被证实、被应用，至少在宏观领域，也就是说人们不考虑对其进行量子修正。它是如此"完美"，以至今天的物理学界没有人怀疑它的正确性。自从弄明白了麦克斯韦理论的那一天开始，我便对这个理论充满崇敬。当然，既然是微分方程组，解起来还是很困难的，有兴趣的读者可以读读杰克逊的《经典电动力学》，那里面的习题确实是对人类思维的挑战。

电、磁研究塑造现代文明

电和磁现象的发现，以及人类对它们越来越深入和广泛的研究（理论和应用）在现代物理学中的意义和对人类文明的深刻影响，超出了物理学在其他任何领域所取得的成绩。

　　我不想重复大多数读者已经熟悉的电荷和磁铁的历史，而是尽可能简述那些非常有价值的内容。大家都知道库仑定律，即两个电荷之间的作用力和它们之间的距离的平方成反比。但想想，用金箔验电器来测量电荷间的力，怎么可能得到 $\vec{F} = \dfrac{q_1 q_2}{4\pi \varepsilon r^2}$，测量误差会很大，从数据上看也得不到指数为 -2，这是个有理数，为什么不是 -2.1、-1.9 呢？对照一下万有引力公式 $F = \dfrac{G_N m_1 m_2}{r^2}$（略去了矢量指标），你似乎就能得到启示，这个电荷间的力应该和距离的平方成反比。但是物理规律不是那么简单地通过类比和想象建立的，要有严格的建立方式、步骤和验证。事实上，这个公式是和几何联系在一起的。首先，现代物理学至少在宏观范围不接受超距作用，而认为在电荷周围建立了一个电场。场的概念似乎有点抽象，但实际上场就是周围的时空性质发生的变化。电场就是使周围时空被激发为具有能传播电作用的特性空间。点电荷对外的作用是建立电场，而电场又可以用电力线来描述。对点电荷来说，电力线就是向外辐射伸展到无穷远的射线。电力线是守恒的，表征了电力线延伸得越远，电荷的影响越弱，那么穿过以点电荷为球心，具有任何半径的球面的电力线数目要相等，而球面的面积为 $4\pi r^2$，这样只有电场和半径的平方成反比时，才会使穿过球面的电力线数目变成一个常数。这就是著名的高斯定理。后来，根据这个思想人们做了一个"是或否"的实验，验证了平方反比库仑定律。在研究点电荷的库仑作用时建立了场的概念，这是人类认识的一个伟大突破，从而剔除了牛顿时代存在的超距作用理论。

磁现象的引入是从天然磁铁开始的。天然磁铁可以吸引铁、镍等铁磁物质，我们熟悉的有条形磁铁和马蹄形磁铁等。一个两端带不同电荷的物体，从中间断开就成了两个分别带不同电荷的物体。磁铁也有两个极，我们称之为南极和北极，但与带不同电荷物体不同的是，一旦从中间断开，磁铁不是变成分开的南极和北极，而是变成两个磁铁，每个都有南极和北极。用标准术语讲就是磁单极不能存在。

一个具有复杂的电荷分布的物体都可以等价为许多单个点电荷的聚集，这个带电体产生的电磁场的空间分布可以通过解微分方程得到。

从库仑定律我们知道，电场是由电荷（无论是静止的还是运动的）诱导出来的，电场的出现与电荷是否运动无关。而根据安培定律，我们知道只有运动的电荷，或者说电流才能诱导出磁场，也就是说磁场的存在依赖于电荷的运动。由于电流是没有头和尾的，是循环的（电池也是电路的一部分），因此不可能存在磁单极，因为那要求电流有开头，电荷就不能守恒了。这违背物理中最基本的电荷守恒原则。

在这里，让我们稍稍岔开主题，转而讨论点物理中的哲学问题。物理的基础是实验，可以说，一切原则和理论都是基于实验观测获得的。也就是说，任何理论必定来源于实验，并且不断地被实验检验。当我们将从实验观测中总结出来的经验公式上升到原则、理论，就到了高层次。但上升的阶段，正如我们前面论证的，是"猜"出来的。因而我们说的守恒量也可能被新的实验数据否定。例如，李政道和杨振宁就发现宇称不是守恒量，尽管在宏观领域我们没有任何宇称破坏的例证。那么读者会问，我们今天认为天经地义、亘古不变的守恒律是否在某种特殊情况下，可能在微观或宇观（宇宙尺度）层面被破坏呢？我们没有获得任何证据或显现破坏的迹象，那就保留这些概念，直到实验说"不"！

麦克斯韦方程组

麦克斯韦方程组是经典物理学的巅峰，无论从物理、数学、工程应用还是哲学的角度看，它都是伟大和影响深远的。

当然，在麦克斯韦之前，很多科学巨匠，如库仑、安培、法拉第等总结出电磁学的基本定律，为麦克斯韦方程组奠定了基础。麦克斯韦将这些成就进行了总结，并将一些原来只体现宏观效应的经验公式转化为微分方程。他的一项特别重要的贡献是引入了位移电流。位移电流的存在保证了电荷守恒，也使麦克斯韦方程组构成了完备形式。麦克斯韦方程组包括 4 个微分方程，加上洛伦兹力的表达，构成了整个经典电磁理论。当然，麦克斯韦方程组最初是描述真空中的电磁场的，但如果我们知道介质，也就是物质的内部结构，可以根据它们对真空中的麦克斯韦方程组做调整，从而可以很好地描述电磁场在介质中的行为。下面为真空中的麦克斯韦方程组，有兴趣的读者可以稍稍深究一下。

$$\nabla \cdot \vec{E} = \frac{\rho}{\varepsilon_0} \qquad (4\text{-}1)$$

$$\nabla \times \vec{E} = -\frac{\partial \vec{B}}{\partial t} \qquad (4\text{-}2)$$

$$\nabla \cdot \vec{B} = 0 \qquad (4\text{-}3)$$

$$\nabla \times \vec{B} = \mu_0 \vec{j} + \varepsilon_0 \mu_0 \frac{\partial \vec{E}}{\partial t} \qquad (4\text{-}4)$$

麦克斯韦方程组看起来多么简洁，它真的体现了自然界的和谐与优美。特别指出的是，（4-4）式中的最后一项是麦克斯韦引入的位移电流，它的存在保证了电荷守恒。

微分方程似乎无所不能，但这个微分方程组需要联立求解。法拉第的数学不够好，他被微分方程的复杂性吓倒了。但大物理学家的思维就是和一般人不同，他把带正电的点电荷想成往外发射某种线的源，把带负电的点电荷想象成接收外来线的谷。这种线不像放射性元素向外辐射的射线（α、β、γ），它们不是真实的，而是想象的线，有起始（从正电荷），有终结（到负电荷）。如果没有负电荷在周围，这种线就延伸到无穷远。这种线就是电力线。法拉第还规定，在一点的电场强度和电力线的密度成正比，电力线越密的地方电场就越强，这样我们就能理解为什么离电荷越远电场就越弱。

可电力线毕竟看不见、摸不着，因此有点抽象，但磁力线就很直观了。你在一个条形磁铁周围撒些铁屑，立刻会发现那些铁屑正是按一定规则排列的：从北极出发，到南极终止。从电力线、磁力线，我们也可以延伸到引力线，它们实际上是人们对场这个抽象概念的实体化描述，是对场这个概念的理解。虽然磁力线能对任何复杂的电磁场分布给出形象的、物理的描述，但它不能像解微分方程那样得到场（在任何点的电场强度和磁场强度）的精确解，更不能解决场如何随时间变化的问题，当然也没法用它来解释电磁场的传播。

实际上，整个方程组最精彩的部分是（4-2）式中的那个负号，它表示诱导电流产生的磁场是抵抗诱导磁场变化的。相反，在（4-4）式中最后一项的符号是正的。这一正一负正好决定了电磁波的存在。利用（4-2）式和（4-4）式，我们就能推导出

$$\nabla^2 \vec{E} - \frac{1}{c^2} \cdot \frac{\partial^2}{\partial t^2} \vec{E} = 0 \qquad （4-5）$$

对磁场 $\vec{B}$ 也一样，这正是波动方程。（4-5）式说明电磁波以速度 c 传播。多亏了这个负号，才有这个方程，否则（4-5）式中的负号就要变成正号，就不是传播方程了。如果真是那样，世界就不会存在。众所周知，太阳不断通过核反应产生大量能量，这些能量绝大部分是以光能，也就是电磁波的形式向外散发，给地球带来能量，地球上的万物才能生存。但如果改成正号，太阳的能量不能辐射出来，由于核反应产生的巨大能量使太阳剧烈升温，因此很快太阳就会爆炸。其他的恒星也是如此，那么宇宙中就会没有光亮，只有宇宙垃圾飘浮，当然也就不会有生命。我在学习麦克斯韦方程组时不禁由衷赞美大自然的和谐与优美！是的，正是由于宇宙的存在，这些自洽的规律才反映在物理学的原理和公式中！

电磁波和光、反射和折射规律，以及干涉、衍射

　　接下来稍微详细地介绍一下电磁波和相应的物理概念。上文中的（4-5）式表征了电磁波在真空中的传播，但它没有告诉我们电磁波如何产生。为弄清楚这个问题，我们得修改（4-5）式，也就是将电荷密度ρ和电流密度j融入方程中。另一种方式是在得到（4-5）式的解时，考虑所谓初始条件和边界条件。前者考虑电磁波的产生源；后者不管电磁波怎么产生，只管它如何传播（请读者原谅，在本书中我不打算涉及更多的数学推导，但为了比较清楚地介绍物理图像，我给出了几个关键公式作为阅读参考）。

　　我们知道，任何一个波的产生必定与某种摄动有联系。一个弹性波在橡皮筋上传播，必定有人用手拉橡皮筋；声波在铁轨上传播，是因为有火车开来，造成铁轨振动；水波的涟漪是由于有人将一块石头扔进池塘。这些是与运动模式改变相关联的。攥住橡皮筋不拉扯就不会产生弹性波，这是浅显的道理。

电磁波的产生也必定要与某种变动相关联，这就是电荷密度的变化或电流方向的变化。

但要证明光就是电磁波，是需要证据的。这些证据是电磁波的反射、折射、干涉、衍射，以及在真空中的传播速度，还有它在介质中的传播（和折射有关）特性等，这些光都有，但绝不超出电磁波的范畴。那么结论就是：光就是电磁波，可见光是波长在 400nm ~ 800nm（1nm = 10^{-7} cm）的电磁波，红外线和紫外线是波长在这个范围之外的电磁波。至于手机信号、电视信号等，是不同频率范围的电磁波。

具体说来，要证明光是电磁波，我们必须用麦克斯韦方程组弄清光的反射、折射、干涉和衍射规律。的确，在介质 1 和 2 的边界上应用麦克斯韦方程组的边界条件，就很容易证明反射波和入射波与中线（法线）的夹角相等，这和光的微粒说一致，折射角满足 $n_1\sin\theta_1 = n_2\sin\theta_2$ 的斯内尔公式。至于干涉和衍射，是由杨氏双缝实验和剃刀边缘衍射实验证实观测结果与麦克斯韦方程组的理论预言完全吻合。那么，的确是光的波动说取得了完全的胜利。

一件很有趣的事是"隐形斗篷"。这在科幻小说《隐形人》中出现过，但那只是作者的幻想。但今天的隐形战机，可以避开雷达。从物理光学的角度看，这并不奇怪。因为折射定律公式中有一个折射系数 n，它是物质结构的函数，只要使 n 的数值连续变化（即战机表面涂层物质的结构发生变化），就能让光沿着战机表面传播，直到机尾。这样的飞机对于雷达射线来说就是透明的。这个研究方向就是所谓"电磁斗篷"，在国际上是热门的课题。既然光是电场和磁场振动的组合传播，那就有局部振动方向，我们称之为偏振。麦克斯韦方程组显示，电场和磁场的振动方向永远垂直于传播方向，在真空中是这样，在大气中也近似如此。对应地，光（也是振动波）只能有两个独立偏振方向。有一种材料叫偏振片，它只允许某个方向偏振的光束通过。你到眼镜店去买墨镜，老板就会让你买"偏光"的。物理上的专用名词"偏振"被老百姓误用为偏光，也许是因为与光有关吧！有一次我去眼镜店买墨镜，告诉老板要偏振的镜片。老板觉得我太"土"了，注视着我说"那是偏光的"，我只有"狼狈逃窜"啦！

光学被分为几何光学和物理光学两大分支。如望远镜、显微镜等都是依据几何光学原理制作的，它们的主要组成部件是镜片。镜片（凸透镜或凹透镜）一般是球形晶体的一部分，起聚焦或散焦的作用，它们的组合构成光学仪器（如照相机等）。但由于镜片是球形晶体的一部分，必然带来"像差"。仪器设计者就要用各种方法消除像差。这是专门的学问，在这里我只能做基本的介绍。此外，红外（夜视）和紫外（CT扫描）技术等都是将某些物理活动变成光学信号（这里讲的光学已远远超出可见光范畴了），然后将这些光学信号转变为其他物理信号，比如变成可见的数据（如电流计的读数）或可输入计算机的信息，在军事、医学等领域都得到了广泛应用。

迈克耳孙-莫雷实验，否定了电磁以太的存在

（4-5）式可视为真空中电磁波的传播方程，传播速度为常数 c，这是数学结果。作为物理学家，一定要问电磁波（$\vec{E}$ 和 $\vec{B}$）是怎么从初始地点传到遥远的地方的。一般来说，波的传播是

需要介质作为传播媒介的。水波的媒介为水分子，通过水分子的振动传播。声波是靠周围空气分子的振动传播的，在铁轨上声波是靠铁轨的微小振动传播的。那么，光波靠什么媒介传播呢？它在真空中传播的话，那儿没有什么可以利用的媒介啊！于是物理学家想象，在真空中存在一种"以太"，可以作为光传播的媒介。当然，物理学家既然提出这个假设，就要想方设法验证它，也就是用实验发现以太的存在及其性质。

一个划时代的实验是迈克耳孙和莫雷试图测量地球相对于以太的运动。他们的实验结果表明不存在地球相对以太的运动。同时这个实验否定了特殊参考系的存在，也就是光速不依赖于观察者所在的参考系。

那么电磁波是如何传播的呢？让我们看看（4-2）式和（4-4）式。这时我们有 $\nabla \times \vec{E} = -\partial \vec{B} / \partial t$ 和 $\nabla \times \vec{B} = \epsilon_0 \mu_0 \, \partial \vec{E} / \partial t$（真空中没有电流），奥妙就在前一个公式的这个负号上（法拉第定律）。当电场 $\vec{E}$ 接近消失时，它的时间变化率最大，也就产生了最大的磁场 $\vec{B}$；当磁场即将消失时，它的时间变化率最大，从而产生最大的电场。这个机制有点像单摆：动能最小时（最高点），势能最大；势能最小时（最低点），动能最大。势能和动能在单摆振动的过程中相互转化。正是因为这个负号，电和磁的相位差了 180°，达到此消彼长的效果，于是电变磁，磁变电……循环往复，电磁能量就传播出去了，这就是我们熟知的电磁波。

现在我们得到的结论是电磁以太不存在，电磁波不需要媒介帮助它传播，它自己就靠电和磁的转化传播。另外光速 c 是和参考系无关的常数。这就是狭义相对论的基础。

第五章 相对论

光速不变的秘密

从本章开始，让我们沿 20 世纪诸位科学巨人的足迹，探索近代物理所涉及的问题。其实近代物理并不比牛顿时代的物理更深奥。牛顿时代有那个时代的局限，主要是实验手段、实验设备、天文观测设备，以及数学手段和技巧的欠缺。当然，最关键的是人的思维停留在直接观测的阶段，还没有得到理性的升华。物理学天空的"两朵乌云"强迫研究者在观念上进行革命，取得突破。

随着 19 世纪物理学在理论上和实验上的突飞猛进，人的观念也在改变。事实上，爱因斯坦的狭义相对论就是基于麦克斯韦理论和迈克耳孙-莫雷实验的结果而提出的。他的思想是如此创新，和牛顿力学、伽利略变换的传统物理相悖，使狭义相对论在一段时间内得不到学术界的普遍认可。即使当时的诺贝尔奖委员会因为爱因斯坦多年来的物理成就决定授予他诺贝尔物理学奖，也不是由于他的相对论，而是他在解释光电效应上的贡献。在这里，作者不禁要特别强调"神"一样的爱因斯坦在 1905 年连续做了 3 项世界顶尖的工作：提出狭义相对论、光电效应、布朗运动的统计理论。在我看来，每一项工作都值一个诺贝尔奖。一个人如何在一年里，在 3 个完全不同的领域（相对论、量子力学、统计物理）做出该领域专家或许一辈子也实现不了的突出成绩？我觉得这是人文科学的专家应该开展的研究课题。据说，爱因斯坦在获奖演讲中不是讲光电效应，而是讲相对论！这也是当时的听众所要求的。

从物理上说，狭义相对论的基本根据在于，宇宙中不存在速度为无穷大的传播形式（无论以什么形式，波或物质）。也就是说，在宇宙中有极限速度，任何物质的传播速度都不能超过它。数学上似乎没有什么限制，1+1=2，2+2=4……加下去总会达到无穷大，也就是极限的概念：任意给定一个大数，这个序列都可以给出比它还大的数，这就是微积分中的极限，加的过程就是取极限的过程。数学上这个极限当然存在，但自然界是否允许永远加下去直至无穷无尽，真正取无穷大的极限呢？下面我们再回头看看伽利略变换公式，在两个参考系中，速度是 $v' = v + v_0$ ，其中 v_0 是参考系的速度。这就是上面说的，数学上可以不断地加，直到无穷，但是自然界对这个取极限的数学趋势明确地说"不"。

自然界中真的存在极限速度，这从逻辑上很容易认清。如果存在这个极限速度，有两个基本概念必须修正。其一，伽利略变换就不成立，至少在高速时，因为它会导致速度无穷大。其二，由于这个速度是极限速度，也就是一个很大的常数，所以必须和所选的参考系无关。换言之，在哪个参考系下它都是那个常数，是不变的数值！看起来要直接证明这一点，在逻辑上是有困难的。但是麦克斯韦方程组中的确存在一个常数，

它就是 $c = \dfrac{1}{\sqrt{\varepsilon_0 \mu_0}}$，而 ε_0 和 μ_0 都是真空中的电和磁常数，当然

和参考系无关，而整个麦克斯韦方程组也是和参考系无关的，那么方程组中的常数 c 就是与参考系选择无关的极限速度。进一步的研究证明，c 就是真空中的光速。从另一个角度看，光的传播是不需要以太介质的，而是通过电场和磁场的不断相互转换传播的。显然这不依赖任何参考系。因而，我们可以判定这个自然界的极限速度就是真空中的光速。没有任何有质量的物质能取得超过真空中光速的速度。前几年在高能物理学界出了一个笑话，OPERA（一项旨在检测中微子振荡现象的实验）合作组报告了一个"超光速"的结果，他们发现极小质量的中微子到达探测器比从同一产生源出来的光早那么一点点，也就是中微子"飞"得比光快一点点。这可是轰动整个学术界的大事。如果这是真的，相对论就会被推翻，整个 20 世纪的物理学就要重新改写了。但很快科学家们发现，这个荒谬的结果是由于计算机输入端传输缆线接头处的螺丝没拧紧，小的接触电阻产生了小的延误。把螺丝拧紧后，所有的错误信号就都消失了。在那篇报道中，也就是拧紧螺丝之前，合作组中的很多科学家不相信存在这种事情，所以拒

绝在文章上签字。这个事情告诉我们，科学需要严谨，特别是面临重大突破、新的发现或对旧理论进行否定时必须非常小心、谨慎。

现在我们确信真空中的光速就是自然界的极限速度。至今人类做的所有实验得出的数据都肯定了这个结论。那么，通过这个结论，我们立刻看出来伽利略变换在高速时是不合理的。那么出问题的关键在哪里呢？我们来审核一下伽利略变换：$x' = x + x_0$ 和 $t' = t$，这里带撇的量和不带撇的量分别表示在两个不同参考系中的量。聪明的读者也会像爱因斯坦那样立刻察觉问题就出在两个参考系中的时间是一样的。当然，在伽利略时代，由于涉及的所有速度都远远低于真空中的光速——自然界的极限速度，这个等式似乎没有问题，而当时的所有计算，包括天文学的计算都符合伽利略变换。特别是前面我们提到的，当时开普勒将第谷在地球参考系中观测到的太阳系行星轨道的杂乱规律换到太阳参考系中（太阳不动），就发现所有行星轨道都是以太阳为中心的圆或椭圆（太阳在椭圆的其中一个焦点），那时伽利略变换完全正确地反映了客观事实。那还有什么可怀疑的吗？时间就是可观测的，是和参考系的选择无关的。除了当时哲学逻辑的判别，还有实验数据的支持！这个观点持续到麦克斯韦理论的出现，因为麦克斯韦理论涉及的速度是电磁波传播速度，也就是光速，它也就是自然界的极限速度。在这种情况下，伽利略变换的基础就不存在了。

"同时"不同时——时间的相对性

相对论的一个基本思想是：运动规律，特别是时空的概念是和观测者相关联的。乍听起来，这似乎脱离了客观，但事实是，物理观测者本身就是客观的。事实上，我们所说的观测者完全可以是一个仪器啊！它也是物质世界的一个组成部分，将之硬性地从物质中割裂，赋予它一个纯粹的"思维"内容，显然是谬误的。

现在我们看看时间的相对性。所谓时间不依赖参考系的选择，是指时间间隔不依赖参考系，即 $t_2' - t_1' = t_2 - t_1$，但是当存在宇宙中的极限速度时，这个等式就不成立了。关键就在于"同时"的相对性。为了说明时间间隔对参考系的依赖，也是"同时"对参考系的依赖，这里用历史上著名的思维实验——"爱因斯坦火车"来演示。

对于在确定参考系中的观测者来说，什么条件下两件事是同时发生的？当他站在离两件事发生地相等距离的地方并同时收到两个事件发生时发出来的信号时，他就称两件事同时发生。假设两个人敲击铁轨，并发出光信号。那么站台上站在中间的人同时看到两边来的光，于是他判断，这两个敲击事件同时发生。然而火车上的人不这样认为。当他经过站台中间的位置时，由于列车在飞快前进，在光传播到他之前，列车已经行进了一段路程。换言之，从前面传来的光走过的路程更短，后面的光走的路程则长些，这样两个距离就不相等了，可计算出差距为 $t'-t=L\dfrac{v}{c^2-v^2}$（L 是列车长度，v 是列车行进的速度），当 $c \gg v$ 时，这个差值就趋于 0。于是在列车中间站立的人先接到前面敲击传来的信号，再接到后面敲击送出的信号，他得到的结论是前面的敲击先发生，后面的敲击后发生。也就是说，对站台上的人来说两个敲击事件同时发生，但对列车上的人来说两个敲击事件不是同时发生的。于是"同时"这个概念就有了参考系依赖性。显然，如果光速无穷大，那么这个火车速度就完全可以忽略，两个信号就会同时到达，无论是站台上还是列车上的人都会同时看到两侧来的信号，那么"同时"的相对性就不存在了。然而，自然界就提供了这么一个极限速度——真空中的光速 c，于是就出现了相对性。

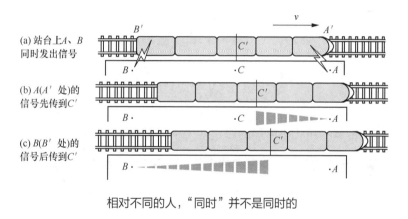

相对不同的人，"同时"并不是同时的

　　接受了"同时"的相对性这个概念，后面的公式就很容易理解了。将真空中光的速度 c 作为常数，做一些简单的推导，我们可以立刻得到代替伽利略变换的爱因斯坦狭义相对论的公式。狭义相对论的英文是 special relativity，你可以译作特殊相对论，说它是狭义的，根据是爱因斯坦 10 年后提出的广义相对论的英文 general relativity，它并非我们中文中所理解的"狭义"。下面为了便于读者理解，我把这几个公式写出来：

$$x' = \frac{x - vt}{\sqrt{1 - \dfrac{v^2}{c^2}}} \quad\quad （5\text{-}1）$$

$$t' = \frac{t - \dfrac{vx}{c^2}}{\sqrt{1 - \dfrac{v^2}{c^2}}} \quad\quad （5\text{-}2）$$

这里带撇的量和不带撇的量是两个不同参考系中的量，它们的相对运动速度为 v。为了表述简单，我只给出一维的表达式。也就是说，v 是沿着 x 轴方向的速度。特别指出，在垂直于参考系运动方向的 y 和 z 方向，有 $y' = y,\ z' = z$。于是，很容易得到速度的合成为

$$u' = \frac{u - v}{1 - \dfrac{uv}{c^2}} \quad\quad （5\text{-}3）$$

读者很容易验证，如果有 $u = c$，就立刻得到 $u' = c$ 的结果，

这就是爱因斯坦的出发点，即"真空中的光速在任何参考系都不变"。这里给出的是一维（x 方向）的公式，三维的公式略微复杂，但物理图像与一维的是完全一样的。

特别要指出，当 $v \ll c$ 时，（5-3）式可以展开为 $\sqrt{1-v^2/c^2} \approx 1-\dfrac{1}{2}v^2/c^2$，那么从（5-1）式和（5-2）式看，当忽略 v^2/c^2 时，立刻回到 $x'=x-vt$（在这里，v 前面的符号不重要，就看参考系速度方向的选取了）和 $t'=t$ 的伽利略变换了。因而，我们可以说伽利略变换，乃至牛顿力学是低速时的"非相对论近似"。展开式的第二项正比于 v^2/c^2，就是相对论的修正了。

在伽利略的运动学中，时间和空间是分立的，而在爱因斯坦的运动学中，由于存在极限速度，同时性成为参考系相关的，时间和空间就不能彼此完全独立。作为直接的结果，我们引入四维矢量 (x,y,z,ict)。在三维空间中长度 $(x^2+y^2+z^2)=l^2$ 是旋转不变的，在四维时空中的不变量为 $(x^2+y^2+z^2-c^2t^2)$。同样，动量和能量也组成四维矢量 $\left(p_x, p_y, p_z, \dfrac{iE}{c}\right)$，对应的不变量为

$\left(p_x^2 + p_y^2 + p_z^2 - \dfrac{E^2}{c^2} \right) = m^2 c^2$，这就是相对论的质能公式，也决定了我们熟悉的 $E = mc^2$（当动量为 0 时，也就是不动的质点）公式的形式。

这个变换直接导致了两个非常重要的结论：运动尺度变短和运动时钟变慢。第一个结论 $l = l_0 \sqrt{1 - \dfrac{v^2}{c^2}}$，这是观测者测量出的一个相对他以速度 v 运动的直尺的长度，l_0 是相对于直尺静止的观测者测量的长度，也就是直尺的本体长度。为什么会这样？因为相对于直尺静止的观测者 C 认为看到运动的直尺的观测者 D 不是同时测量直尺的前端和后端，而是先测量它的前端，再测它的后端，这时直尺已经前进一段距离了，因而测量值会小于直尺的本体长度。这是不是有些难理解？相对于直尺静止的观测者 C 可以从容地测量直尺前端 A（读数为 a_1）和尾端 B（读数为 a_2）的位置（$a_1 > a_2$），这时观测者 C 计算的直尺的长度为 $a_1 - a_2$（即直尺的本体长度）。而对看到运动的直尺的观测者 D 来说，直尺相对于他在前进。观测者 D 测量直尺前端 A（读数为 a_1），"同时"测量尾端 B'（读

数为 a_2')的位置，他计算的直尺的长度为 $a_1 - a_2'$。但观测者 C 认为观测者 D 的测量不是同时发生的（这是关键），观测者 C 认为观测者 D 先测量直尺前端 A，然后再测量尾端 B′。由于测量晚了一点，直尺已经前进一段距离，那么 $a_1 - a_2'$ 就会小于 $a_1 - a_2$。

我们在本部分开始时已经提醒读者，观测者本身就是物质世界的组成部分。对运动时钟变慢的理解略有困难，但那正是双生子问题的关键。也许有些读者看过刘慈欣的科幻小说《三体》，其中就将时钟的相对论性效应夸张到了极致。

相对论的直接验证

费曼在他的讲义中给出一个相对论的直接验证。一个在长直导线上平行于电流方向飞行的带电荷 q 的质点受到电流产生的磁场的洛伦兹力的作用 $\vec{F} = q\vec{v} \times \vec{B}$，会朝导线方向掉落，这是可以观测到的现象。但如果将参考系选在飞行的质点上，由于速度 v 为 0，洛伦兹力就不存在，那质点还会不会掉落？物理现象应该和参考系的选取无关，怎么解释呢？

在相对论中很容易理解。当参考系转换时，磁效应转换成电效应，中性的导线在新的参考系中（飞行质点参考系）就由于运动尺度变短而成为带正电的导体，因而导线对飞行质点的吸引仍然存在（电吸引），计算结果表明吸引力和参考系完全无关。

至于运动时钟问题，卫星观测证实了相对论效应，但效应本身很小，需要利用精密仪器才能看出来，远远不是《三体》中的那样震撼。

狭义相对论的应用

狭义相对论的应用，除了科学测量，如基本粒子寿命等专门课题（涉及更多专业知识，在本书中就不深入介绍了），我们比较熟悉的便是 $E = mc^2$，也就是以质量换能量。真的，爱因斯坦当年的文章其实关注的正好是反面，他的论文探讨的是"物体的惯性质量是否从运动中得到"，也就是 $m = E/c^2$。其实，质量和能量本来就是一回事，但在经典应用中差别就非常大了。在古老的经典物理中有一个质量守恒定律，但狭义相对论打破了这个守恒定律，将其归结到广义的能量守恒定律。我们常说的核反应有两种：核裂变与核聚变。它就是利用这个质-能转换关系实现的，既可以造福人类，又对人类的生存构成了严重威胁。

迈特纳利用质子轰击放射性铀（^{235}U）时发现，铀原子分裂成两部分——钡（Ba）和氪（Kr），而这两个的核都比较轻，也就是 U(92)→Ba(56)+Kr(36)。由于 $m_{Ba}c^2 + m_{Kr}c^2 < m_U c^2$，那剩下的质量到哪儿去了？由质能方程，我们就知道剩余的质量转换成巨大的能量，这也就是原子弹的原理。

当用中子轰击不稳定的原子核，如铀、钍和钚核时，可以引发核裂变，释放出巨大的能量。使用慢中子轰击时，可以人为控制核裂变反应的速度，这是目前核反应堆发电的基本原理。

由于核废料都有天然放射性，它们的半衰期，即衰减到原有辐射量一半所需的时间长达几十甚至上百年，所以如果出现在我们生活的环境中，是非常危险的。如果控制不好，出现核废料泄漏，就会造成环境污染，给人类带来巨大灾难。因而，各个核电站都把安全放在第一位。然而不幸的是，目前核电站事故仍然会发生。

如何处理核废料一直是令科学家头痛的问题。现在普遍的方法是将核废料用塑料封好，装在很厚的铅罐里。科学家也想过用飞船将核废料送到外太空，但这会对将来人类的宇宙航行造成危险，而且成本很高。现在很多国家的科学家正在研究如何用某种射线轰击储存罐中的核废料，即通过核反应，将长半衰期的核废料变成短半衰期的元素，这样，只要经过相对较短的时间（例如几年），它们就成了安全无害的元素了。这是最令人鼓舞的研究，我国的科学家也在致力于这方面的研究，希望不久的将来能有新的进展。

核聚变，同样是利用相对论的质能方程，以质量换能量。裂变是由一个重的原子核裂变成两个轻的原子核，同时释放出能量；而聚变是由两个轻原子核聚集在一起成为一个较重的原子核，同时释放大量的能量。通常，核聚变是由氘核与氚核聚变，它们都是氢的同位素，分别包含一个质子和一个中子，一个质子和两个中子，它们合成一个氦核（有两个质子和两个中子）加一个中子，同时释放出 17.6MeV 的能量。这是一个很大的数值。

核聚变过程中所涉及的元素似乎没有放射性，是人们期盼的能量产生方式。在海洋中，重氢（氘）的含量是可观的，如果能用来产生聚变，那能源问题将永远不会再威胁人类了。然而，核聚变要在很高的温度和密度下才能实现。比如，要引爆一枚氢弹，需要在氢弹外装卜小型原子弹，首先引爆原子弹，然后靠原子弹产生的瞬间高温、高压引爆氢弹。采用这个方案来和平利用核聚变当然就行不通了。科学家多年来致力于研究受控核聚变，利用各种方式提供聚变产生的条件，例如托卡马克等离子体装置等。但很遗憾，迄今为止在这个领域还没有实质性的进展。这个课题要留给年轻的科学家了，也许本书的某个（些）读者就会在这个课题上做出伟大成绩。

闪耀的太阳和其他多数恒星的能量都是由内部的氢核聚变产生的，一旦恒星内部的氢燃料用光（后来还有氦的燃烧，但持续时间很短），恒星的死期就来临了。宇宙中有很多这种死亡恒星的"尸体"，数目可能比可见的恒星还多。

广义相对论

任何一个相对于惯性系匀速直线运动的参考系也是惯性系，然而宇宙中根本不存在惯性系。所有的所谓惯性系都是近似的，地球绕太阳公转，由于半径很大，我们将地球上的运动近似为在惯性系中运动。从中学的力学课中我们了解到，要讨论在一个有加速度的参考系（当然不是惯性系）中的运动，我们就要人为地给出一个等于 $-m\vec{a}$ 的"惯性力"，这个 $\vec{a}$ 是参考系的加速度。此外，当我们研究星体运动时会用到万有引力

公式 $\dfrac{mv^2}{r} = \dfrac{G_{\mathrm{N}}(mM)}{r^2}$，这时我们默认等式两边的 m 是同一个量。

实际上它们一个是惯性质量，另一个是引力质量，二者是不同的概念。爱因斯坦用所谓"爱因斯坦电梯"来说明这个问题。一个人在严格遮掩的电梯中时，他分不清电梯是往上还是往下。如果电梯的缆绳突然断了，电梯做自由落体运动，乘客感受到的是重力加速度 g。但可以换一个角度来想象，假设某人以加速度 g 迅速提升这个电梯，由于是非惯性系，产生向下的惯性

力$-mg$，这和电梯做自由落体运动时乘客感受到的重力完全一样，因而他无法分辨自己感受到的是向上的加速度引起的惯性力（对应惯性质量）还是重力（对应引力质量）。于是爱因斯坦提出等效原理：物体的惯性质量严格等于引力质量（这句话似乎引起了粒子物理学家的质疑）。

爱因斯坦用微分几何来处理受力和运动的关系，提出著名的爱因斯坦引力场方程

$$R_{\mu\nu} - \frac{1}{2} g_{\mu\nu}R - \Lambda g_{\mu\nu} = \frac{8\pi G}{c^4} T_{\mu\nu} \qquad （5\text{-}4）$$

等式左边的 $R_{\mu\nu}$ 是里奇张量，等式右边的 $T_{\mu\nu}$ 是能量-动量张量（读者不必深究它们的推导和来源，只需跟随我来厘清一些概念）。里奇张量 $R_{\mu\nu}$ 不是简单的微商，而是复杂的"协变微商"。关键在于这时的时空不再是平直的。听上去有点怪？请往后看！广义相对论的基本观点是：大的质量会引起空间和时间的弯曲。因而在引力场中物体的运动轨迹不是直线，而是弯曲空间中的测地线（弯曲时空中的最短线）。例如，太阳是很重的星体，它造成周围的时空弯曲，行星沿着测地线运动。如果将时间维度投影，我们看到的三维图像就是行星绕太阳做圆周或椭圆运动，

效果和用牛顿万有引力公式计算行星绕太阳公转完全一样。这样就不需要"引力"这个概念了，一切都是几何关系。在（5-4）式中右边的物质分布决定了左边时空的结构，而左边的时空决定了右边物质的运动规律，所以它是一个自洽的方程。这里我们必须再强调一下，在牛顿力学乃至狭义相对论中，时间和空间是独立于物质存在的，物体是在不变的时空中根据它们所受的力运动，有确定的运动规律，而时空的架构不受干扰。用一个专业词汇描述，在狭义相对论中，度规是常数。这在广义相对论中就不正确了，度规是时空的函数，因而时空是弯曲的。这些内容有点太专业，请不必深究，只需记住时空是弯曲的就可以了。

时空弯曲有很多证据。最早，几队英国天文学家做了精确观测，1919 年 3 月 29 日的日食数据表明，光线接近太阳时的弯度和爱因斯坦预测的完全一样。有趣的是，牛顿根据他的光微粒说，假设光粒子有质量，在太阳的引力场中也会弯曲，但他的计算不符合观测结果。

除了纯科学上的研究外，广义相对论还告诉我们在一个大质量的物体附近时钟变慢了（这是广义相对论效应），因而在使用北斗卫星导航系统或 GPS 定位时，必须考虑狭义相对论效应和广义相对论效应。

黑洞与奇点

有了广义相对论的知识，我们就可以理解黑洞这个物理结构了。当然还是要从时空弯曲谈起。

在没有大质量天体扰动的时空，也就是度规为常数的"平直"时空中，我们可以想象有这样的一个光锥。

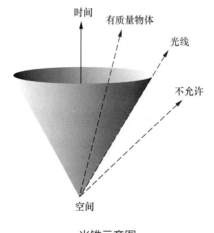

光锥示意图

锥体从原点发出光线，由于光的速度是宇宙极限速度，光线的斜率是"可能"和"不可能"的分界线，这个圆锥也称为因果圆锥。所有和原点有关联的"物质线"都在圆锥内，它们可以和原点发生的事件产生因果联系。例如，在原点处，一个婴儿降生，那他的一辈子就一定局限在这个圆锥内，而圆锥外的事件一定和原点没有因果关系。这就好像警察在办案时说的，相关时间、地点已确认，可以排除嫌疑人作案的可能，即嫌疑人有不在现场的证据。

但在大质量天体附近，情况就不同了，因为那里的时空是弯曲的，时空圆锥的界面向中轴靠近。试想象大质量天体如何改变自由时空的时空圆锥形状，界面靠向中轴，最终形成黑洞（光不再向外辐射）的情景。

黑洞的形成是由于它吸附了许多其他大质量的天体或宇宙空间的飘浮物。它的质量越来越大，表面积也越来越大。一般来说，有两种黑洞，一种是不旋转的施瓦西黑洞，另一种是旋转的克尔黑洞。关于黑洞的理论非常复杂，我就不在本书中深入介绍了。

下面是一张真实的黑洞照片，由事件视界望远镜记录数据，再由计算机合成为图像。

黑洞照片

这堪称一场史无前例的黑洞"摄猎"，全世界的科学家、工程师和技术人员参与其中，调动了 9 个天文台的力量。众人关注的目标名为人马座 A*。这个黑洞因位于人马座方位而得名，距地球约 2.6 万光年，相当于 24.6 亿亿千米。是的，就是这么远！因为人马座 A*处于银河系的中心，而太阳位于银河系的"郊区"，确切地说位于猎户座的旋臂上。

从照片来看，中间的黑色部分就是黑洞，周围明亮的光带，由围绕大质量黑洞旋转的发光物质构成。以前人们没能拍到黑洞的照片，是由于以前的"照相机"分辨率太低，只能拍到一个发光的环，拍不到中心的黑区。

彭罗斯和霍金证明了广义相对论一定导致奇点的存在。什么是奇点？这可是个了不起，也惹不起的东西。库仑定律中点电荷产生的电场势，是与距离成反比的（$\propto 1/r$），那么当很接近点电荷时（$r \rightarrow 0$），这个电场势会变成无穷大。在无穷大的点，什么物理规律都消失了，因而从物理学的角度来看，这显然是不可接受的。幸亏不存在真正的点电荷，不过我们可以想象点电荷是实际上对应分布在一个体积很小但不是 0 内的电荷。尽管电荷密度很大，但是是有限的，这时奇点就不存在了。在量子场论中，奇点发散可以用重整化方法解决，在这里我就不多说了。但将经典的爱因斯坦方程用到宇宙学，奇点一定存在。理论物理学家认为宇宙的奇点只能出现在宇宙创生和毁灭的时刻。但理论上，黑洞内部就存在奇点，假如一个人掉进黑洞，就会不断地趋近于奇点。奇点问题虽然严重，但霍金意识到有了量子力学，奇点就不会存在。量子力学中有一个原理，叫不确定性原理，它是说一个微观客体的动量（速度）和位置永远不可能同时测准。在接近奇点时，微观客体的动量很大，它们之间的距离很小。由于在量子力学中，微观客体不可能收缩成一个点，那么奇点在量子力学中，也就是在物理真实中就不存在了。于是问题解决了，我们也不必为宇宙的末日发愁了。

引力波

从物理学的基本原理出发，我们了解到波来源于波源的某种变化。电磁波的产生是由于电场变化，如电荷分布改变导致的电场变化，以及磁场变化，如电流密度的改变，其实交流电就是电流变化的具体形式之一。如果没有变化（对时间的改变），就不会有电磁波。就好像你不对着手机讲话以引起电流振荡，就不会有信号传播。同样，引力波就是时空中的"涟漪"，也必定来源于物质场源的某种巨大变动。从爱因斯坦引力场方程可看出，要引起引力波，（5-4）式右边的物质 $T_{\mu\nu}$ 必定要发生剧烈的变动，就像麦克斯韦方程组中只有 ρ 和 j 变动才会有电磁波传出去。激光干涉引力波观测台（LIGO）发现的就是两个遥远的大质量黑洞并合产生的引力波。具体来说，一个有 36 太阳质量（用 $M_\odot$ 表示），另一个有 $29M_\odot$ 的两大黑洞，并合成一个 $62M_\odot$ 的超大黑洞，剩余的 $3M_\odot$ 转变成引力波能量和一部分光能。引力波的振幅是以 $1/r^2$ 衰减的，由于事件距离我们遥远，因此到达地球的幅值就很小了。LIGO 是激光干涉仪，很像迈克耳孙–莫雷实验中使用的干涉仪，但精度大大提高了，它的两个臂接收的引力波（当引力波到来时）的方向不同，受到引力波的影响（时空特性会相应改变），那么两个臂的长度比就会略有改变，从而干涉条纹就会移动。实际上，LIGO 的两个臂都有 1km 长，而且激光在每个臂中要往返多次以延长光路距离，但收到引力波的信号时只改变了一个质子半径的 1/1000。幸亏激光探测器非常灵敏，能捕捉到如此小的干涉条纹移动。特别让人印象深刻的是，为了避开汽车、地震等偶然因素的影响，LIGO 在相距几千千米的两个地点放置了完全相同的两个探测器，它们必须同时捕捉到完全相同的信号。因为相对于遥远的信号源来说，地球就是一个点，这几千千米相对于引力波的传播距离可视为 0。

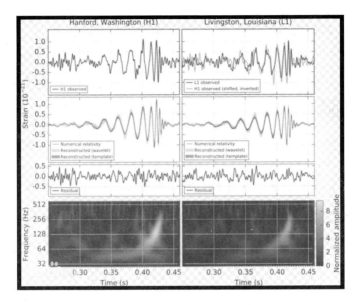

引力波数据展示

引力波的发现是科学史上的一个重大成就，它完全验证了爱因斯坦关于引力波的预言。韦斯、巴里什和索恩 3 位物理学家因在发现引力波方面做出的贡献分享了 2017 年的诺贝尔物理学奖。

目前，我国科学家也正在准备天空中的引力波探测实验。由中国科学院主导的"太极"计划和由中山大学与华中科技大学主导的"天琴"计划，都是用 3 颗定点卫星来测量引力波，也许本书的读者将来会参与这两个雄伟的探测计划。

虫洞

在本章的最后，让我们聊聊有趣但可能有些荒诞的虫洞理论。因果律不仅是物理中的基本原则，在哲学、社会学中也是颠扑不破的真理。可能很多读者看过美国电影《回到未来》，电影的主角影响了他父母的婚姻。其实最早的穿越故事是马克·吐温的作品《康州美国佬在亚瑟王朝》。故事很有趣，但不会是真的，因为它违反了因果律。然而，理论物理学家的虫洞理论似乎撕开了一个口子。本来这个理论是纯数学的，它预示不同的时空可以出现一个贯通的"虫洞"，连接两个时空点。

比如一场比赛，在 A 处的比赛结果确定后，通过一个虫洞将结果送到 B 处，然后通过另一个虫洞将结果返回地球。这个信息到达的时间在比赛开始之前，这样 A 处还没有比赛人们就已经知道结果了。显然，这样的信息传递是远超光速的，而且是违背因果律的。也许我们可以从数学上得到这个结果，但物理上是不可能实现的，你相信吗？我是不信的。

未来的星际旅行

科学技术，特别是航天技术在 21 世纪取得了突飞猛进的发展，人类登上月球在半个多世纪前就实现了。我国的火星探测计划也顺利进行着，空间站上的 3 位航天员甚至可以在太空中欣赏奥林匹克运动会的实时报道。最有趣的是，宇宙航行不再是科学家和专业航天员的独享领域，美国的两位富豪在耄耋之年，花巨款成功地完成了太空一日游！也许不久的将来，一家三口在月球上度假就像今天我们去三亚过年一样简单，买张宇宙飞船的票，订个月球上的房间，我们就可以动身了。

《三体》这部科幻小说就有很多描写星际旅行的内容。它还是比较有趣的，特别能激发青年读者的兴趣，就像很多科学家是从读凡尔纳的科幻小说，如《地心游记》《机器岛》等爱上科学并做出伟大成就的。但我不喜欢此书中的另一个观点，就是所有星际文明，甚至地球上的科学家都是彼此仇视的，还想奴役其他星际文明。为什么不是互相学习，共同发展，建立和谐的宇宙大家庭呢？

星际旅行的时代或许会到来，相应的科学知识，尤其是狭义和广义相对论等相对论方面的知识是不可或缺的。当然，除此之外的各种知识和相应的技术措施也是必不可少的，我们在后面的章节中还会再讨论。无论如何，新时代的到来既是机遇，又是新的挑战。

第六章 认识宇宙

人类在宇宙中的地位

我们居住和赖以生存的地球在宇宙的星云、恒星乃至行星的大家族中是极为渺小的，连"小兄弟"都算不上，甚至连称为一粒宇宙灰尘都是过高地"抬举"我们的地球了。

即使在太阳系中，地球也不是最大的行星。木星的质量大约是地球的 318 倍，而太阳的质量占整个太阳系总质量的99.86%。这样看起来，地球还真的不算什么，尽管地球是岩石成分最多的行星。地球到太阳的距离约是 8 光分，也就是说，光从太阳传播到地球大约需要 8min。用时空圆锥来看，地球上的事件（如发射到太阳的射电信号）至少要过 8min 才能和太阳产生关联。离地球最近的恒星，也就是"流浪地球"寻找的新归宿比邻星，距我们就有 4 光年。这在天文学上不过是个非常小的数字。我们的太阳系也是银河系中的一个小星系。银河系像一个旋转的碟子，跨度约为 10 万光年，厚度平均为 2000 光年。它包含了大约 2000 亿颗恒星。我们的太阳系就处在银河系外围的一条旋臂上。

如此浩瀚的银河系在宇宙星系的大家族中仍然算不了什么，银河系 10 万光年的跨度只能算是跨度为 600 万光年的 IC 1101 星系中的一个亮斑而已。

其实，在宇宙中存在许多"黑洞"，它们是大质量恒星死亡后的"尸体"。彭罗斯证明了黑洞是爱因斯坦广义相对论的直接结果。根策尔和盖兹分别领导的一个团队专注于银河系中心的一个名为射手座 A*的区域，并发现了一个非常重的、看不见的物体。它扰动恒星，造成混乱，在不超过太阳系尺度的极小区域中，将大约 400 万太阳质量的物质聚集在一起。这显然是黑洞！从理论上和天文观测上都可以确认这是黑洞。有趣的是，即使这些证据都指出这个看不见的质量密集区就是黑洞，但实验物理学家仍很谨慎地报道说发现了大质量的聚集，而不说是黑洞。只有理论物理学家才大胆地确认这就是爱因斯坦预言的黑洞。

爱因斯坦曾经说过："宇宙中最不可思议的事，就是这宇宙竟然如此可思可议。"爱因斯坦曾把自己的理论称为"宇宙的宗教"，该宗教的使命是探索"自然界里和思维世界里所显示出来的崇高庄严和不可思议的秩序"。接下来让我们具体来看看人类是如何认识宇宙的。首先，我们由思维主导，人的思维可以放大、延伸到整个宇宙，只要我们认为物理规律是全宇宙适用的（这点在多宇宙论中可能不对，但在和我们相关的宇宙中还没有出现过质疑这种说法的现象）。其次，我们的数学手段越来越高明。尽管目前数学和物理的交叠有限，但数学发挥的威力已经使我们在认识宇宙中出现的各种现象上占有先机，特别是关于对称性的知识对理解宇宙结构有极为重大的意义。此外，观测天文现象的设备已能使我们观测千万亿光年外的天体（也就是千万亿年前的宇宙结构）。

太阳

太阳是生命之源，但我们真正认识太阳吗？接下来我们将探讨一些关于太阳的物理问题。

我们的太阳并不是第一代恒星，而是第二代或第三代恒星（在讨论恒星死亡时还会再讨论），已经有约 46 亿年的年龄，是"中年人"了。目前科学家认为它还有 50 亿年的寿命。

太阳的质量对我们来说很大，太阳中的物质（主要是氢原子和氦原子）受到万有引力的影响会有向核心坍缩的趋势，但它却保持了一个稳定的球状结构，因而必然有另外的力来平衡万有引力的作用。

这个力就来自太阳中氢原子产生的核聚变。核聚变产生向外的正压力，使太阳内气体状态的氢和少量其他元素向外膨胀，因而太阳内部受到的万有引力与向外的正压力平衡，太阳达到一个稳定的状态，也就是我们看到的有固定半径的太阳。当然，由于是气体星球，太阳的半径在不断地涨落，但幅值相对不是很大。

太阳内的核聚变过程如下。

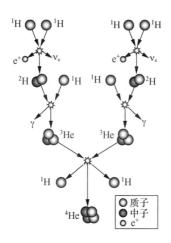

太阳内的核聚变过程

太阳内部的反应链具体写出来是 $4p \rightarrow {}^4He + 2e^+ + 2v_e + 25MeV$。这里 e^+ 和 v_e 分别是正电子和中微子，我们在后文会专门介绍这个有趣的中微子。另外，在这个反应中有 $25MeV$ 能量以光子形式释放，向四面八方辐射，其中一部分到达地球，这就是太阳赐予我们的"礼物"，是万物生长之源！

在地球上人工诱发核聚变是极为困难的，但为什么在太阳内部就有持续不断的核聚变呢？很简单，因为太阳内部的温度很高，氢原子的密度很大，有足够的条件产生核聚变。就像前面所说的，要让氢弹爆炸，需要用原子弹产生足够的压力和高温，在太阳内部，该条件自然满足。核聚变的速度取决于温度和密度，温度越高，密度越大，核聚变反应速度就越快。太阳真的是我们的"福星"，它内部的温度和密度适中。如果温度过高，太阳内部的氢很快就会燃尽，没有了能量供给，我们的地球也就不会存在了。

一般来讲，第一代恒星都是由氢和氦组成的，没有重元素。在第一代恒星死亡后，由于新的并合过程，较重的元素产生了，并存在于后代恒星中。太阳是第二或第三代恒星，所以有少量重元素。

恒星的死亡过程

若干年前，大学还有自主招生的安排，复旦大学的苏汝铿教授问了应试的中学生一个问题：你认为"杞人忧天"这个成语里有什么物理内容？可怜的孩子一下子就懵了，这该是语文老师问的问题啊！它的意思是"你用不着操这个心"，哪来的物理内容呢？其实，这就真是个深奥的关于恒星死亡的物理过程。苏汝铿教授不过想启发中学生，平凡中就可能存在着物理现象，所以事事都要问个为什么，以待深入钻研。当然，他并没有继续为难孩子。现在让我们来回答苏教授的问题，也就是恒星的死亡过程。

恒星的死亡过程是与恒星的质量大小密切相关的，不同质量恒星的终结方式也是不同的。

小质量恒星的晚期演化

当质量小于 $2.3\,M_\odot$（ $M_\odot$ 是太阳质量，作为宇宙学的一个标准质量）的恒星演化到主序阶段的晚期，其核心部分的氢燃料逐渐燃烧完毕，在引力势的作用下，核心部分迅速收缩，将引力势能转化成热能，因而核心部分温度升高，压力增加，并将核心外的物质推开，造成核心收缩，而外壳膨胀。外壳中的氢升温，并开始聚变为氦，而核心的氦在新的温度和压力下开始燃烧。这时的恒星，核心燃烧氦，外围燃烧氢，使恒星的外围物质愈加膨胀，表面温度降到 4000K，发出红色的光。这颗恒星又大又红，称为红巨星。

恒星的核心部分在燃料耗尽后，在引力作用下急速收缩，但由于质量不够大，引力势能转换成的热能不足以引起更重的碳、硅等元素燃烧。这时，碳-氧核心便失去了活力，核心越来越小，当其密度达到 $6 \times 10^7 \mathrm{g/cm^3}$ 时，由于电子产生使周围空间不再被压缩的"简并压力"，此时恒星温度在 50000K，体积很小，光度也很小，这就是白矮星。简并压力是由泡利不相容原理决定的，即任意两个全同的费米子不能同时占据同一个量子态，当然也包括位置。与此同时，外壳层膨胀得越来越大，与核心分离，扩展到很大的空间范围，形成由弥漫物质组成的行星状星云，在星云中央的碳-氧成分组成了白矮星。行星状星云演化得很快，以 10km/s～30km/s 的速度膨胀，越来越稀薄，大约 5 万年后会被宇宙风完全吹散，只剩中间的白矮星。

太阳有约 46 亿年的历史，而再过 50 亿年，太阳中心的氢将燃烧殆尽，从而变成一个氦球。那时它将猛然收缩，壳层的氢燃烧，体积膨胀，温度降低，成为一颗红巨星。在被宇宙风吹散之前，太阳会迅速膨胀，很快地扫过太阳系的大部分天体，当然也包括地球。这时地球上的一切都会被这4000K 的高温球摧毁，如果没有先进技术躲过这场灾难，人类也就无法生存了。蔚蓝色的天空、太阳、月亮都不存在了，这就是"天倾"了。因而杞人忧天是对的，是物理的问题，只不过忧虑早了 50 亿年！接着，太阳达到一定温度后会使氦燃烧 20 亿年，直到它燃尽。因为质量不够，温度达不到产生碳-氧核反应的需要，最后太阳的外壳会继续扩散，核心成为白矮星，再经过若干亿年的冷却，白矮星变成黑矮星，一个宇宙幽灵，直到它可能和其他大质量天体并合，成为新一代的恒星。

中等质量恒星的晚期演化

中等质量恒星的质量为 $2.3M_\odot \sim 8.5M_\odot$，其核心的氢燃烧殆尽后，会进入平稳的氦燃烧阶段。这时如果恒星质量不太大，接近 $3M_\odot$，表面温度为 5000K，仍是红巨星；但如果恒星质量超过 $7M_\odot$，表面温度达到 10000K，当氦燃烧完，碳-氧"炉渣"继续收缩。由于质量和引力势很大，恒星温度急剧升高，碳和氧的核聚变以惊人的速度进行，来不及以核心区膨胀的方式使温度下降，碳就燃烧殆尽了，这个过程称为"碳闪"，它可在短时间内释放巨大能量，足以导致恒星爆炸。爆炸后，所有构成恒星的物质全部被抛撒到星际空间。这是超新星爆发的一种类型，通常称为 I 型。如果恒星没有作为超新星爆发，最后的归宿也是白矮星或黑矮星。

大质量恒星的晚期演化

当恒星质量大于 $8.5M_\odot$ 时，巨大的质量使氢、氦和碳平稳燃烧，不会导致碳闪，碳燃尽时恒星达到 10^9K 的高温，氧聚变开始，剩下的"炉渣"是硅、磷、硫。如果恒星质量再大，温度可以升到 2×10^9K，这些"炉渣"又可以参加核聚变，最后直到剩下铁，它不会参加核反应。这时恒星由已停止热核反应的等离子态的铁核心和仍在分层燃烧的多层外壳组成，最外层体积膨胀，仍是红巨星。继续下去，当核反应产生的中微子带走大量能量，引力起主导作用，星核迅速收缩，速度可达 10000km/s，中心密度加大，大量中子密集地聚拢在一起。这时由于引力势很大，其克服了电子的简并压力，将原子中的电子压到原子核中，电子和质子碰撞生成中子和中微子，中微子逃逸，剩下的就是中子了。此时外围的物质以超过 4000km/s 的高速与中子核心碰撞，被反弹回来，与正在向中心区坍缩的物质相遇，形成强大的冲击波，巨大的能量将把整个恒星粉碎，使其成为超新星。超新星爆发后，大部分外层物质向外膨胀，核心部分留下一个高度致密的天体，即中子星。如果质量再大，恒星就真的会坍缩成黑洞。

在宇宙大爆炸时最先产生的是最轻的两种元素：氢和氦。按现在宇宙学的观测和计算结果，宇宙中的氢大约占 75%，氦大约占 24%，其他元素大约占 1%，尽管在地球上其他元素的比例远远大于氢和氦。正是由于超新星爆发才产生了少量的重元素（是碳−氧核反应的产物），当宇宙中的尘埃物质等重新组合成新一代恒星时，新产生的重元素就停留其中了。我们的太阳由于有重元素，因此就不可能是第一代恒星，至少是第二代或第三代恒星。

这些恒星死亡后，特别是构成宇宙的尘埃物质和碎片会有一定的概率和其他的宇宙天体——包括白矮星——聚合成为有生命力（有核反应）的新一代恒星。据现在的分析，宇宙中死亡恒星的数目远远超过活着的恒星。

宇宙的创生和演化

现在我们转入一个更重要、更有吸引力的话题：我们是从哪儿来的，又向哪儿去？我们在第一章中就指出过，由于牛顿运动定律和万有引力定律的提出，科学家们欣喜若狂地认为用新建立起来的微积分数学作为工具，通过解微分方程（虽然复杂，但当时人们相信是可解的），可以预测任何时刻宇宙中所有天体的位置和运动状态。不错，用牛顿力学可以做很多事，但不要忘了，求解微分方程是需要预先给定初始条件的。如果我们需要追溯到很久以前的状态（二阶微分方程需要两个初始条件：初始位置和动量），初始条件怎么设定？牛顿就注意到这个问题，但他被当时的科学发展水平限制，在没法得到答案时，就将最初始的运动归结于自然力量的最初推动。现代的物理学家就看到了自然界的最初推动，提出了大爆炸宇宙论！

人类早就对超出太阳系的整个宇宙产生了兴趣，这在伽利略时代就已经初见端倪，但真正开始认识它还要从牛顿说起。

一个典型的疑问：为什么夜空是黑的？很多读者立马会发笑，夜晚没有太阳光，当然是黑的。

但是宇宙中和太阳一样发光发热的恒星是非常多的。一个简单的猜测是，假如恒星在宇宙中是均匀分布的，在以地球为中心（不是指真正的动力学意义的中心，只是画个示意图）、离地球为 R 的球面上的恒星数应该和 $4\pi R^2$ 成正比，但它们辐射到地球的光的通量应该和 R^2 成反比，这样到地球的总光通量为 $\rho 4\pi R^2 / R^2 = 4\pi\rho$，$\rho$ 是恒星在宇宙中的平均密度，那么这个光通量就是与时间无关的常数。那夜空为什么是黑的？因为这个宇宙不是稳定的。

有趣的是，爱因斯坦写下他的广义相对论方程时，他认为宇宙是稳定的。但由于宇宙中只存在万有引力，没有一个万有斥力来抵消天体间的吸引，因此宇宙一定会慢慢地在万有引力的作用下收缩成一点。当时爱因斯坦似乎觉得这种违反常识的图像是荒谬的，因而他加上了常数项（$-\Lambda g_{\mu\nu}$），Λ 就是宇宙常数，对应宇宙真空中神秘的能量密度，它支撑宇宙不会由于万有引力而坍陷。

现代宇宙学的故事就要从哈勃讲起。哈勃发现，任意两个天体都在彼此退行，退行速度与它们之间的距离成正比，这就是宇宙学中最基本也是最著名的哈勃定律：

$$v = H_0 R \qquad\qquad (6\text{-}1)$$

我们怎么知道它们在退行呢？当两列鸣笛的火车相向而行时，汽笛声变尖锐，即频率变高；而相背而行时，汽笛声变钝，即频率变低。这是声学中的多普勒现象。在光学中也有类似的多普勒效应，当两个发光物体相背而行时，频率降低，在光谱上表现为向红端移动，我们称之为红移，否则为蓝移。哈勃发现的就是周围星体相对银河系都在退行，也就是光谱上都有红移。这个现象宣告了我们的宇宙不是静止的，而是在膨胀。在一个气球上的两个点会因为气球的膨胀彼此间的距离越来越远。当然，在纸上我们画的是三维空间中的二维平面图像，而宇宙膨胀是四维时空中三维面的膨胀，因而我们没法画出来。

宇宙膨胀的一个直接结果就是，科学家断定宇宙微波背景辐射的存在。IBM 的工程师彭齐亚斯与他的同事罗伯特·威尔逊装备了一台为微波通信卫星设计的 20ft（1ft=30.48cm）喇叭天线用于射电天文观测。他们发现了一个顽固的干扰源——均匀地来自整个天空的微波厘米波射电噪声。这个发现确认了微波背景辐射的存在，间接证实了大爆炸理论，他们因此获得了 1978 年诺贝尔物理学奖。但他们的发现只是整个黑体能量谱上的一个点，真正完美的测量是由马泽和斯姆特完成的。

至于为什么会存在宇宙微波背景辐射，要用大爆炸理论来解释。如果爱因斯坦看到哈勃定律，了解到宇宙并不是静止的，那么广义相对论方程中宇宙常数 Λ 的那一项 $-\Lambda g_{\mu\nu}$ 就完全不需要了。他说，这是他一生中犯的最大错误。是吗？今天当我们发现宇宙不仅在膨胀而且在加速膨胀时，发现宇宙常数的存在是对加速膨胀最简单合理的一个解释，爱因斯坦又对了，可惜，他去世时还不知道宇宙还可以加速膨胀。

宇宙从一个极高温、极高密的能量域（也许就是奇点）开始膨胀，形成了今天的样子。这个过程从一个点的爆炸开始。当时一位英国天文学家不同意这个机制，他就用了一个讽刺性的词"一声砰"（big bang）来形容，但随后的各种证据都显示这个理论是正确的，他也只好接受了。科学家们有时也觉得一些研究很枯燥，需要调剂一下，于是认为这个"一声砰"很有感情色彩，就沿用下来，后来我们又给了它一个比较正规的中文名字——"大爆炸"。

这里我们必须引入一个非常专业的词：标度，在这里主要是指能量标度。物理上，标度不同，适用的物理规律也不同，原子、原子核、核子的能量标度不同，物理机制也不同。在宇宙演化中能量标度决定了一切，这时能量、温度、动量、质量都是一回事，它们仅仅通过一些常数就连接在一起了。

在大爆炸后 10^{-45} s～10^{-37} s 时有一个暴胀阶段，这是一个相变过程，也只有在这一阶段，宇宙的膨胀速度远远大于光速，然后温度逐渐降低，这时存在的是微小粒子，包括光子、胶子、正负电子和各种夸克，它们都没有质量。当温度继续降低时，由于希格斯机制，电子、夸克获得质量（能量标度为 250GeV），当能量标度达到 200MeV～300MeV 时，夸克在强相互作用下构成强子，主要产生的是质子和中子，这个过程为重子产生过程。当能量标度达到 10MeV 时，质子和中子构成原子核，再低到

1eV 时，电子被原子核俘获，产生自由光子，至此形成了微波背景辐射。

氢原子中电子的结合能为 13.6eV，也就是说当电子的动能不足以脱离这个能量时，就会被带电的原子核（最早当然是氢和氘）束缚，牢牢地锁在原子内。在这之前大爆炸产生的正负电子发生湮灭，剩下足够的自由电子与质子-光子达到一个热平衡。一方面原子核俘获电子，而另一方面高能的光子也在轰击原子中的电子，只要给予电子大于 13.6eV 的能量，电子就会被这个光子从原子中释放出来，也就是克服了原子核对电子的电磁吸引力。这个过程是可逆的。

在能量为 13.6eV 阶段，宇宙中还有大量的高能光子。据统计学的计算，一个氢核至少被 10^5 个高能光子包围，原子核俘获的电子仍会被光子打出来。只有当能量降低到 1eV 时，多数光子的能量才会小于 13.6eV，从而失去解放电子的能力。本来电子和光子通过逆康普顿散射达到热平衡，然而一旦自由电子被原子核俘获，光子没有了与之达到平衡的伴侣，就成了宇宙中的自由光子，向外自由飞去，这就形成了微波背景辐射。在形成微波背景辐射之前，宇宙对观察者来说是不透明的，所以我们对早期宇宙的直接观测应该是从大爆炸后的 38 万年开始的，再早的过程只能根据遗留下来的现象进行反推。例如，宇宙早期存在暴胀过程，就是因为我们今天观测到的宇宙视界比简单大爆炸模型预言的要大很多而确定的。光子退耦过程发生在大爆炸后约 38 万年，那时候的宇宙温度还很高，大约为 10^5K。随着宇宙的膨胀，温度降低，到今天大约经过了 138 亿年，微波背景辐射的温度也随之下降，到达 3K 左右。COBE（宇宙背景探测器）卫星的实测数据是 2.7K，理论预测和实验完美相符，证明了大爆炸宇宙论的正确。以后就是有生命参与的几十亿年至今的演化过程了，人类文明也逐渐形成。由于最后的散射面是均匀且等温的，我们观测到的微波背景辐射确实是高度各向同性的。光子从频繁碰撞到没有碰撞发生的转化很快，最后散射面放出的光子动量分布是普朗克分布。我们看到的黑体辐射就是宇宙光子背景辐射。

在这个理论框架中，夜空黑暗的问题也得到近似合理的解释了。

接下来的问题是，我们的宇宙将向何处去？

宇宙的终点有两种不同的可能：在开放的宇宙模型中，宇宙将永远膨胀下去；而在闭合的宇宙模型中，宇宙将通过大挤压回到爆炸之前的状态。

正反物质的不对称性

在我们所认知的世界中，分子、原子都是由质子、中子和电子构成的，没有反质子、反中子和正电子存在，世界一片和谐。是不是根本就不存在反粒子呢？狄拉克建立的相对论量子力学就预言了每个费米子（包括质子、中子和电子等）都有它们相应的反粒子。1936 年，美国物理学家安德森因在宇宙线中发现正电子而获得诺贝尔物理学奖。其实是我国物理学家赵忠尧第一次发现了正电子存在的迹象，他是人类物理学史上第一个发现反物质的科学家。他观测到正负电子湮灭辐射比安德森看到正电子径迹早两年。

现在科学家们知道重子物质的数量和光子的数量之比为

$\eta = \dfrac{n_N}{n_\gamma} \sim 10^{-10}$，而在大爆炸时没有质量的夸克（构成强子的物质）的数目应该和光子数一样多，但观测结果显示，它只是光子数目的一百亿分之一。显然具有重子的费米子消失了。这可给宇宙中物质不对称找到了解决途径。

在早期宇宙中确实有大量的粒子和反粒子，如正负电子，但它们在高密度下碰撞后消失并生成光子。这个过程在高温下是可逆的，但随着宇宙的膨胀，温度降低，逆过程的发生概率变得比正过程小很多，所以绝大部分正负电子（同时也是正反夸克）转换为高能量的光子，只剩下一百亿分之一的电子和正电子。但妙处是剩下的正负电子并不完全一样，它们的弱相互作用使反粒子消失更多一些（只是一点点的不同，大部分的正反粒子已同时消失了）。于是只有电子留下来，夸克也是一样，只有正夸克留下来。萨哈罗夫三原则是今天科学家们普遍接受的，它包括：存在 CP 破坏，重子数不守恒，宇宙演化的某个阶段脱离热平衡。

问题似乎解决了，实际上恰恰相反。在今天关于微观世界的理论，也就是标准模型中，找不到足够大的 CP 破坏机制。

CP 是指电荷共轭变换（C 变换）和宇称反演（P 变换）的联合变换。另外，标准模型中也不存在重子数破坏的机制。也有人提出，也许反物质并未消失，而是被排斥到宇宙的另一部分，和我们居住的部分不搭界。要搭界就糟了，正反物质碰到一起就会转化成光能量，这比亿万个氢弹的能量还大得多。但也可能有极少量的反物质粒子以一定概率逃逸到我们居住的部分。丁肇中领导的阿尔法磁谱仪团队的工作就是应用搭载在卫星上的探测器寻找从太空中逃来的反粒子。让我们共同期待这些方面的理论和实验进展。

暗物质与暗能量

这是另一个让所有科学家困惑的难题，是否真有暗世界存在？我们所说的"可见"物质是指所有我们熟悉的各种原子、分子构成的物质，例如金属、有机物和无机物。它们之所以能被看见，是因为它们的基本结构是带正电的原子核及带负电的电子，因而可以和电磁场耦合，成为"看得见"的客体。什么是看不见的？例如中微子，它们是中性的基本粒子，没有内部结构，不和电磁场耦合，因而在一般意义下是看不见的。然而这个概念并不完全正确，它不能被电磁场"看见"，但它可以和弱场耦合，也就是被弱场"看见"，这就是今天探测中微子的基本原理。

通过天文观测，科学家发现宇宙中真的存在不被电磁波"看见"的暗物质。最早的证据是 1933 年兹维基（又译为兹威基）在观测 Coma 星云时发现的，那些恒星的速度分布情况表明，宇宙中存在比发光物质（可见物质）还多的集团物质。兹维基是个非常出色的天文学家，做出过很大的贡献，但同时他也是脾气非常暴躁的人，甚至他的合作者都很怕他。

1970 年，天文学家薇拉·鲁宾通过测量星云旋转的轨迹给出了暗物质存在的证据。如果星云中只存在可见物质，在星云外检验天体（发光恒星），根据万有引力定律，其轨迹应该是

$\dfrac{mv^2}{r} = \dfrac{G_N mM}{r^2}$，则 $v = \sqrt{\dfrac{G_N M}{r}}$，也就是距离越远，速度越小。

但旋转曲线表明，星体的速度几乎不随距离的增大而改变。这表明，星云内除了有发光物质，还存在不可见的暗物质。

由于暗物质不参加电磁相互作用，在碰撞时暗物质就几乎不受作用（没有相互作用）地对穿过去，于是就出现在发光物质的前面，整体的重心就和发光物质的重心分开了。根据引力透镜效应，由于存在大质量的暗物质天体，其周围的空间弯曲，光在通过时就像光学透镜一样产生了聚焦的现象。虽没有光学透镜那么清晰，但可以观测到现象，还要用精密的射电天文望远镜和大型计算机对图形进行分析。

但上面得到的都是暗物质存在的间接证据，物理学家经常要求的是要么从宇宙线中直接观测到，就像观察到正电子那样，要么在加速器上直接将它"撞"出来。要实现这两种目标，都需要非常灵敏的探测器。我们要知道暗物质是否是传统意义上的基本粒子。如果是，它需要满足如下条件：中性；非强子，即没有内部结构；有质量；稳定。要符合这些条件，目前我们所知的粒子，如夸克、胶子、轻子、希格斯粒子、规范玻色子等都不能成为暗物质的候选者。暗物质是什么？目前最有吸引力的说法是它们是弱相互作用的重粒子，目前理论倾向于它们是几十到几百吉电子伏特的超对称粒子，然而目前没有任何实验来证实这个候选者。而最重要的是，暗物质必须参加除引力作用的任何一种能与地球上一般物质耦合的相互作用。我们目前的理论确定宇宙中存在 4 种基本相互作用：强相互作用，决定夸克束缚成质子、中子等强子；电磁相互作用，是我们最熟悉的；弱相互作用，决定了宇宙中的很多过程；引力相互作用，是人们最早有所了解的。显然强相互作用和电磁相互作用都不适用于暗物质。我们已知暗物质参加引力相互作用，但引力太弱，在我们能提供的测量精度内，绝无可能探测到基本粒子间的引力效应，至少差十几个量级。除非有超越这 4 种相互作用的新物理，我们只好寄希望于暗物质粒子参与弱相互作用。目前所有地球上的探测策略都是基于这个假定实施的，但这个测量工作太难了。世界上有多个大型探测器在工作，有天上的卫星探测器，有高山探测器（用于从宇宙线中找到线索），最多的是地下实验室，我国的锦屏地下实验室就是世界上最先进的实验室之一。要弄清暗物质是什么还任重道远。

要说暗物质的存在似乎还有些迹象，而暗能量的存在就完全超出当代绝大部分物理学家的理解和接受能力了。宇宙不仅是在膨胀，而且是在加速膨胀。

　　宇宙膨胀的概念容易理解。由于大爆炸，所有的物质都向外飞去，宇宙因此膨胀。这有点像发射火箭，超过第三宇宙速度后，火箭将一直向外飞，最终会飞出太阳系，在没了动力后，它不会再加速，但可以保持速度。我们知道万有引力提供物质间的引力，因而只能降低宇宙膨胀的速度，怎么会有加速度？因而必定存在一个使宇宙加速膨胀的机制。目前有各种各样的理论模型，但科学界普遍接受的是爱因斯坦引力场方程中的常数项 $-\Lambda g_{\mu\nu}$。Λ 对应真空中的能量密度，是个常数。当宇宙膨胀到很大的体积，真空能量也相应增大，导致宇宙加速膨胀。因而早期宇宙没有加速膨胀，而年轻的宇宙的膨胀才开始有加速度。有些研究表明，如果宇宙真的由于真空能推动而越来越快地加速，有朝一日，整个宇宙会被撕裂，形成互相隔离的不同部分，彼此不再有任何交往。目前，宇宙中的可见物质，也就是原子物质，只占宇宙物质总量的 4%～5%，宇宙中绝大部分地方是暗的，其中暗物质约占 22%，暗能量约占 74%。现在比较精确的数据表明，发光物质占 4.9%，暗物质占 26.8%，暗能量占 68.3%。目前的最新分析似乎与这几个数有偏离，但大体上是这样的分布。

综合各种观测数据，说明宇宙约有 96% 是"暗"的。我们今天的理论和实验尚无法确认它们是什么，也不知道怎么去处理。今天宇宙的标准模型就是 ΛCDM，即宇宙常数 Λ 加冷暗物质，"冷"说明它在产生时是非相对论的，动能很小。解开暗物质和暗能量之谜大概是 21 世纪物理学家们的头号课题。

第七章 统计物理的古怪研究

统计对物理学有多重要

统计学是一门古老的科学。当然也有人认为：统计学不是关于自然的科学，而是和数学一样的学问。对于理解自然界的物理学，统计学提供了一种方法，将实验数据和理论联系起来。日常生活中，我们会遇到不知确切答案的问题，如"今天会下雨吗？""我去学校，会不会碰见他啊？"。最直观的例子是掷骰子，一个骰子有 6 个面，如果没有任何特殊操作，每个面都有 1/6 的机会出现。那么出现掷出不同点数的可能性是多少呢？

很简单，算一算，是 $\frac{1}{6}\times1+\frac{1}{6}\times2+\cdots+\frac{1}{6}\times6=\frac{21}{6}=3.5$，也就是

你掷成百上千次，或数学上说的无穷多次，最后的平均值就是

3.5。它的科学术语，就是"概率"。每一件事都有它的概率，一定发生的事，概率就是 1（这是由于我们取定了所谓归一化原则），而不能完全确定的事的概率必定小于 1。蒙特卡罗计算，就是给出符合一定规律的随机数，进行大量的计算，最后得到确定的结果，或大概率出现的可能值。近年来，蒙特卡罗法已在各种科学研究中大量应用。统计学已经成为数学领域中的重要分支。

统计学是如何与物理学结缘的呢？这要从头说起。最早的牛顿力学是确定论，在那里没有概率问题，球从高空掉下来，它会以确定的时间掉在确定的位置，末态的速度也是完全确定的。但如果你将这个球绑在降落伞上又会如何呢？由于气流的干预，就没法判断球落地的确切位置和落地时的速度，这是因为气流本身具有不确定性，那么概率问题也就出现了。牛顿的确定论是将环境理想化的结果，但大自然中的变数太多，我们

无法完全掌握，于是物理学就引入了概率。

综上所述，概率与统计是针对长时间和大量可能事件的累积而得到的规律和计算法则。例如掷骰子，无论掷出 1 点还是 6 点，都只是偶然事件，我们没有办法预先猜测。但如果大量事件累积起来，统计规律就显示出来了，也就是说平均值为 3.5 点。同一件事重复大量次数会出现统计规律，得到平均效应。如果我们同时掷几百万个骰子，且它们彼此不关联，结果又怎么样呢？是否会得到平均的结果？答案是肯定的，得到的一定是平均结果，但如果骰子数量不够多，涨落（涨落是指掷若干次骰子，得到的点数和平均值有偏离）就会出现，比如得到 3.6 或 3.4，都是可能的，但总趋势是不会改变的。也就是说，掷的次数越多，或用的骰子数目越多，这个平均值就越接近 3.5。作为数学中的重要分支，概率论就深入研究这个课题，而概率论是统计学的基础。

由于掷大量的骰子会得到统计的结果，那自然就和物理学联系起来了。这要从布朗运动开始讲起。英国植物学家布朗在显微镜下观测到，悬浮在静止液体上的花粉做**无规则**的运动。这个现象用分子运动论就很容易解释了。

物理学归根结底是在观察自然界的基础上建立的，它的根本是实验，一切违反实验的理论都是不能成立的。但有了实验，就需要人们用头脑去分析，得到合理的结论。也就是说，物理学家对每一个新现象都要问一个为什么，要追根溯源，看看现有的物理机制是否能解释这个现象，如果不能解释，那就要寻找新物理机制了。直到今天，虽然我们的理论与实验的水平与 18、19 世纪已不可同日而语，但基本的策略还是一样的。有趣的是，18、19 乃至 20 世纪初正是经典物理学最活跃的时期，许多最重要和突破性的工作都是在那时完成的。很多结果在今天的大学生的眼里都是很简单、容易获知的，但在早期，确实经过当时物理学家们的艰苦奋斗，才使真理被普遍接受。例如，本书第五章中介绍的爱因斯坦的狭义相对论还被多人质疑过。回到布朗运动，为什么无生命的花粉会做无规则的运动呢？从力学观点就可以想象，有个方向、大小时时改变的力作用在花粉上，那么谁又是施力者？这样层层深入，必定会想到物质不是我们在宏观世界所看到的那么简单，而是具有微观结构的。微观粒子的运动规律也受已知的物理法则支配，但对大量的分子，运动规律就有其特殊性。学过力学的读者都知道，处理两体系统很容易

（幸好这是最常见的情况），但对于三体系统，尽管相互作用是两体的（在目前比较普遍接受的理论中很少有三体直接相互作用的机制，在量子场论中有一些模型涉及三体直接作用），整个问题就变得非常复杂，有 6 个独立的二阶微分方程，除了几个有特殊条件的特例，基本上不存在解析解。那么 10 个、100 个粒子的系统呢？当然就不能想象我们会找到解析解了。然而，如果这个数目达到几十万、几千万、几亿呢？在分子物理主导的微观世界中，涉及的数字就是这么大，此时人们却有办法了，这就是统计学。在统计学中，我们不关心任何一个微观客体的活动，而是关注总体的行为。尽管微观的分子有各种不同的运动方式，但它们的整体行为是可以认知的。也就是说，通过统计分析，我们可以得到所有微观客体运动的平均效果和可能的涨落。因而宏观性质实际上是微观客体运动的平均，而统计力学正好合理、恰当地处理了这个平均过程，并对涨落做出正确的估计。

有了合适的工具，让我们回到物理。

在讨论微观过程前，让我们熟悉一下物质的宏观热学性质，涉及的学科就是"热学"。说老实话，热学在大学物理系是最不受学生欢迎的课程，因为它看起来杂乱，没有力学、电磁学那么有逻辑、主线清晰，学过后，很多学生觉得没有掌握该学科的真谛。我在做学生时有同样的感受，但在开展教学和科研几十年后体会到热学的确是物理中的物理，体现了物理学的最基本研究方式：从现象到本质的飞跃过程。为了描写宏观物质状态需要引入几个状态参数。例如，你要确认一个男孩，他的状态参数可以是姓名、身高、年龄、体重，也许还有帅不帅（标准待定）等。对宏观物质而言，热学参数是温度、体积、密度等。其中温度最为重要。你发烧了，医生拿个温度计给你测体温，似乎很简单。但按严格的物理学定义，温度只能是对稳定态（哪怕是短暂的）才有确定的含义。当两个子系统达到热平衡时，它们之间不再出现热传递，这时可以说两者达到热平衡。既然两者达到平衡，那它们必定有一个共同的热状态参数，这就是温度。所以，经典的温度定义是建立在平衡稳定态上的。用温度计测量你的体温，是由于你的腋下温度和温度计达到热平衡，因而有了共同的热状态参数：温度。从分子运动论的角度，我们知道温度实际上是分子热运动的动能平均值的表征。如果分子间没有势能作用，每一个分子自由度具有的能量为 $\frac{1}{2}kT$ ，k 是玻尔兹曼（又译为玻耳兹曼）常量。我们很容易从分子的统计物理中推出这个结论，当然在考虑了其他相互作用和包括量子力学在内的物理机制后，这只是一个近似。但在一定温度、密度范围内，特别是理想气体（所谓理想气体是不存在的，当气体足够稀薄，分子间的相互作用只有碰撞，可以作为理想模型，它对理论分析很有用处）条件下，这个所谓能量均分定理是很好的近似。

追随历史的足迹，一个很有启发性的问题浮现了。在 18 世纪，物理学家还没有普遍承认物质的分子结构，只将宏观物体看作牛顿力学的一个对象，而没有研究更深层次的机制，因而很多问题使人感到困惑。例如，当刨根问底时，就要研究摩擦力的来源了，为什么动摩擦和静摩擦差别如此之大？没有分子运动论，这些问题都只能停留在宏观的经典层次。伟大的革命从布朗运动的研究开始，被玻尔兹曼引导到一个真正的科学阶段，他建立了从微观到宏观的桥梁。有了这个桥梁和对微观世界的认识，所有宏观世界出现的现象和看似不可理解的问题都迎刃而解了。

微观和宏观世界的桥梁

玻尔兹曼的理论是分子运动论。前面已经说到，物理学中，什么现象都要问一个为什么是这样的问题，基于最基本的原则，如电荷守恒、能量守恒等，以及最基本的相互作用（在经典物理中只有引力和电磁相互作用），我们能找到根在哪里吗？追溯到分子间的相互作用和相对运动，经典物理中的一切难题都迎刃而解了。注意，统计物理并不建立新的动力学机制（相互作用形式），所有的宏观个体和微观物质都遵循确定的动力学规律，无论是经典的还是量子的，但运动学就完全不同了。单个宏观个体按照确定论确定的方式运动，如果你能标记宏观系统中的每个个体，你可以预言和跟踪它们的运动轨迹。但微观世界中的物质（分子、原子）的运动是随机的。对微观物质的随机运动，爱因斯坦有不同的理解，即使他是统计物理的开创者之一。他认为随机性是由于缺乏各种条件的准确信息而产生的，这导致他对量子力学提出了 EPR 佯谬。

玻尔兹曼肯定宏观物体是由微观分子构成的，分子间的相互作用和相互运动，乃至相互间的能量、动量和粒子密度的转换是宏观现象的"因"，我们观测到的宏观现象是分子运动的"果"。

聪明的读者要问，还有更深层次的原子核、电子，再深入还有夸克，你怎么能说到分子运动论就终止了呢？这是很好的问题，答案还是前面讨论过的标度问题。原子的半径约为 10^{-8} cm，原子核的半径约为 10^{-13} cm，按量子力学，激发相关自由度的温度为几千亿摄氏度（折合成能量，氢原子的结合能为 13.6eV，1eV 大约折合 11000K，那激发原子核自由度就需要至少百亿开），在经典物理中涉及的温度不过几百或几千开，所以原子和原子核，乃至原子核自由度是不需要考虑的。除了引力相互作用和电磁相互作用，另外两种相互作用——强和弱相互作用，只涉及核子间及内部夸克间的相互作用，所以经典物理也不需要考虑它们了。引力相互作用虽然是人类最早认识的基本相互作用，且主导着地球绕太阳转这样的大课题，但涉及的都是地球、太阳这样的庞然大物，引力与它们的质量是成正比的。于是，一个简单的结论就是引力不会对分子这种渺小的物体间的相互作用有任何可观测的影响。那么影响分子层次的物理规律就只有电磁相互作用了。不错，事实正是如此。例如，摩擦力来源于两个宏观物体接触面附近层中的分子之间的吸引力，而吸引力正是分子的电磁效应引发的。热传导、热辐射是电磁波，频率较低，如红外辐射，于是我们对分子的研究就可以首先看看电磁效应是如何在相关问题中起作用的。当然，这个问题绝不简单，因为分子结构非常复杂，尽管我们知道幕后的机制一定来源于电磁场，但出现的现象却并非一目了然。在现代研究中，我们一般采用从实验数据总结出来的经验公式或所谓有效理论。今天很多凝聚态中出现的现象是量子效应，而电磁场的量子化又涉及了很多新问题，在这里就不做过多的介绍了。

我们已经看到电磁理论是经典微观和宏观世界的基础。宏观世界的一切物理过程都是由微观的相应过程决定的，而这些过程是由电磁理论主导的，那么热学的研究脉络就清楚了。宏观上，最容易研究的是中性分子构成的气体，如大气因为气体中分子间几乎没有势能相互作用，它们间的作用只有通过碰撞来实现。有了这种理解就很容易对各种宏观现象建立理论，例如，我们熟知的热传导、扩散、黏滞性等。对于扩散现象，建立的方程具有如下形式：

$$\frac{\partial \rho}{\partial t} = D \nabla^2 \rho \qquad （7-1）$$

其中 D 为扩散系数，ρ 是某种量的密度。D 当然是由物质（气体、液体、固体、等离子体）的微观结构及分子间的相互作用形式决定的，要从理论上推出 D 的形式需要对物质结构做深入的了解。黏滞性、热传导的方程与（7-1）式很类似，其实热传导是物质内部的热量（分子动能）的传递，黏滞性是物质内部分层动量的传递，扩散是物质内部分布不均匀的粒子数交换。在等式中的正号非常重要，体现了要给出动量、热量、粒子流等某种物理量对时间的变化率（无论是增加还是减少），相应的物理过程必定伴随源消耗的守恒原则，也就是要有相应的流 $\vec{j} = -\kappa \nabla \rho$ 从源流出或流进。κ 是和时间及密度无关的常数，但可能对温度等物理量有依赖性。（7-1）式可以称为玻尔兹曼输运方程。它的左边是某种物理量对时间的一次偏微商，可正可负；右边是输出的某种"流"（能量、动量、粒子数）的散度。这个方程不是时间反演不变的，因而表示过程不可逆。在玻尔兹曼输运方程右边可以根据物理条件增加很多项。例如，关于暗物质演化的温伯格-李的理论就是一个关于暗物质演化的输运方程。当然，项数多了，微分方程的解也会相应地变得复杂。

有人指出，输运过程中物质不是在稳定态（否则就没有输运了），那前面关于温度的讨论就不对。实际上，宏观输运过程虽然我们感觉进行得很快，但对微观分子运动论来说却是非常缓慢的，在计算中可以认为物质处于瞬时平衡状态。

于是，我们准备好进入微观世界了。

多体问题

前面已经说过，对多体的计算和对少体是完全不一样的。多体计算是从不同角度去研究的，所关心的物理内容也是不同的。对多体问题，我们不关心任何一个分子的状态，只关心它们构成宏观物质的结果，也就是它们运动的平均值。试想，一个盒子分成两半，中间用挡板隔开。我们先在左半边充以气体，当把挡板打开，左边的气体瞬间就会扩散到右边，两边的气体密度完全一样，这是宏观的结果。从微观上看，每一个分子都有 50% 的概率在左边，同样的概率在右边，没有哪个是优先的。但如果有两个分子，要求它们都待在左边，这时的概率就成了 $(50\%)^2 = 25\%$ ，1mol（以前我们也称之为克分子）约有 6.02×10^{23} 个分子，要让它们都待在左边，这个概率是 $(25\%)^{6.02 \times 10^{23}}$ ，这个小数我们都没法写下来。因而在这个问题中，具体的微观过程（每个分子如何跑动）并不重要，重要的是，宏观结果是这些分子必定均匀分布在左右两边。

认定统计物理并不需要每个微观客体（分子）运动的细节，就很容易推出每个独立分子的概率分布，这就是著名的麦克斯韦分布（全称麦克斯韦速度分布律）。再加上前面所述的能量均分定理（独立的分子每个自由度具有的动能为 $\frac{1}{2}kT$ ），立刻可以写出 $f(v) = \left(\dfrac{m}{2\pi kT}\right)^{3/2} \mathrm{e}^{-mv^2/2kT}$ ，当我们计入势能的影响时，麦克斯韦分布的指数项中的动能就要扩展成总能量。例如，考虑了重力势能后， $f(v, h) = A\mathrm{e}^{(-mv^2-2mgh)/2kT}$ （ A 是归一化常数），这就解释了为什么在高海拔地区气体稀薄，会出现高原反应。

这个推广的分布就是玻尔兹曼分布。

对于自由分子，玻尔兹曼分布很好地描述了分子的微观统计状态，但对于不是自由的分子所处的状态就要另外确定了，原则上它们并不处于最恰当的分布状态，但不断向最恰当状态推进，这就是我们后文专门讨论的熵增原则。当系统处于稳定状态时，任何宏观物理量都是可以用下面这个分布函数得到的：

$$\overline{A} = \int \mathrm{d}^3 v f(v) A \qquad (7\text{-}2)$$

这里 $\overline{A}$ 是统计平均值，为宏观测量值。当然，如果还有别的参数，这个分布函数可以扩展为 $f(v, a, b, c, \cdots)$，其中 a、b、c 都是某些微观参数。

前面的气体分子在左右两边分布的例子只是一个极端。对于具有大量粒子的微观系统的描述只需给出 N 个粒子是如何占据相空间的相格的（可以这样简单定义，由于量子力学的不确定关系 $\Delta q_i \Delta p_i \sim \hbar$，那么描述一个具有位置 q_i 和动量 p_i 的微观粒子状态，周围可以有一个小相空间 $\Delta q_i \Delta p_i$，称为相格）。所有微观粒子占据不同或相同相格的某种排列被称为微观配容，上述的气体在左右均匀分布的例子是一个极端配容。一般来说任何一种微观配容都以一定的概率存在。以a、b、c、d这4个球为例，它们分布在A、B两个小盒中，a、b在A，c、d在B是一种配容，a、b、c在A，d在B是另一种配容。很容易计算，4个球都在A的配容数是1，3个在A的总配容数为4。"总"的意思是将这些类似的配容数加起来。例如，3个在A和一个在B的几种配容对应的总数为4。两个在A和两个在B的总配容数为6，对应的配容数最多，如果按可能出现的次数来说，这种排列的概率最大。当然当 N 很大，配容数也很大，每一种排列，即每个微观配容都有不为0的概率。那么宏观现象就依赖所允许的微观配容结构。不同的温度和其他宏观条件会决定每种微观配容具有的相对概率。玻尔兹曼理论有一个重大的等概率原理假定，就是每种微观配容具有相同的概率，宏观量就是相应微观量按配容结构做的统计平均值。一个宏观量对应微观的平均值相应的另一个原理是，观测一个宏观量时对相应的微观配容有一定的约束，如能量守恒。任何宏观观测都历时很短，但这段时间与微观状态发生跃迁所经历的时间相比就是很长的了。以至于我们可以认为，在观测过程中一切满足约束条件的微观态（等概率）都可以（一定）"无穷"多次出现了，这在统计物理中称为遍历性。那么，我们观测到的宏观量，实际上是在系统所经历的满足给定条件的各种可能微观状态中相应微观量的统计平均值（见常树人《热学》）。这句话有点不好理解，它的含义实际很简单，就是在测量宏观量时，所有可能的微观配容都有相同的贡献（等概率），因而哪种被允许的配容数目多，它的贡献就大。我们可以用一个数学式子来表述：

$$\bar{a} = \frac{a_1 w_1 + a_2 w_2 + a_3 w_3 + \cdots}{w_1 + w_2 + w_3 + \cdots} \qquad (7\text{-}3)$$

其中 $w_i(i=1,2,3,\cdots)$ 是某种微观配容的数量；$a_i(i=1,2,3,\cdots)$ 是相对于此种微观配容的微观物理量的数值；$\bar{a}$ 是物理量的平均值，它对应宏观观测量值。这和前面写的麦克斯韦分布还不同，麦克斯韦分布是不论配容数，而对每个分子的概率求和。用前面提到的 a、b、c、d 球分装在左右两个盒子内，来计算在两部分内的分子密度，就需要用配容数来考虑了。后文我们讨论的"熵"就有很明显的意义。

熵的引入和热力学第二定律

热力学的研究对象原则上是宏观物质，那么微观世界的物理过程起到了怎样的作用，与宏观观测量的关系又如何？玻尔兹曼的工作建立了微观与宏观间的桥梁，今天的物理学家们可以从分析微观世界入手探讨宏观现象，这是玻尔兹曼理论对统计物理，乃至整个物理学的伟大贡献。在宏观热学中有两个重要定律：热力学第一定律和第二定律（原则上还有第零定律，是关于温标设立的；以及第三定律，是关于绝对零度的，即−273.15℃不可能通过有限步骤达到）。其中第一定律是微观过程和宏观过程都必须遵守的能量守恒定律，这个定律是任何物理学家都没有疑义的。但第二定律就不是那么容易被人接受了，只有通过玻尔兹曼的理论，我们才可以深刻理解这个定律涉及的物理内容。

大家都有经验，机械操作的动能可以完全转化成热能，如摩擦，但热能不能完全转化成机械能，如老式的蒸汽机车。这就是热力学第二定律的内容。对应宏观过程，第二定律还有几种不同的表述。例如：克劳修斯的表述为"不可能把热量从低温物体传到高温物体，而不引起其他变化"；开尔文的表述为"不可能从单一热源汲取热量使之完全变为有用的功，而不产生其他影响"。其实这些表述都是等价的，可以从任何一个表述推出其他的表述。

这些表述都影射自然界存在某个内在的原则，德国科学家克劳修斯从热力学角度考虑有一个新的状态函数——熵，宏观上可以用它来理解、表述热力学第二定律。这个量是不能直接测量的，在 1865 年克劳修斯引入它时，很难让人理解。对熵的真正认识归功于玻尔兹曼。

从分子运动论出发，玻尔兹曼意识到熵是描述微观物质——分子混乱度的量。混乱度越高，熵值越大，他写下了著名的公式：$S = k \ln W$。其中 k 是玻尔兹曼常量；W 是某种微观结构配容的总数，它当然是个很大的数，因而玻尔兹曼对其取对数。对数还有一个好处，就是可以将乘法变成加法，如 $\ln AB = \ln A + \ln B$，计算相对简单。这个熵是内禀的状态参数。热力学第二定律的微观表示就是，孤立系统永远是沿熵增的方向运动。我们的宇宙也是一个封闭系统，因而它的熵也是永远增加的。这样，我们同时回答了一个关于宇宙学的问题：空间可以有前后，可进可退，但时间只有一个方向，不能倒退也就是所谓没有后悔药。为什么？答案就是熵增。

茶杯掉在地上摔成碎瓷片，从没人期望它自己恢复成一个完整的茶杯，这是由于碎片的混乱度远远高于整个茶杯，因而熵值大，也标志了时间前进的方向。还用前面我们给出的例子，4 个球 a、b、c、d 分装在左右两边的盒子内，我们已经得出了各种分布的配容总数。显然，一边两个的配容总数最多，混乱度最大，对应的熵也应该最大，的确，$k\ln 6 > k\ln 4 > k\ln 1$。当分子数非常大时，这个不等式就更明显。再回到前面讨论的气体问题。初始时，1mol 气体在左边的容器中，右边的容器和左边的容器用挡板隔开。当挡板打开后左边的气体扩散到右边。当挡板没打开时，这个微观体系的总配容数为 1（不计分子在容器内的热运动），混乱度最低，熵为 0。当挡板打开，假定先跑到右边一个分子，这时的配容 $w_1 = 6.02 \times 10^{23}$，而当半数分子跑到右边，剩下一半留在左边，这个微观状态的配容数是

$$w_2 = C_{6.02 \times 10^{23}}^{3.01 \times 10^{23}} \left[组合数\ C_n^m = \frac{n!}{m!(n-m)!} \right]，显然 w_2 \gg w_1，所以按$$

照熵增原则，分子会在左右两边均匀分布。

负熵告诉你，人为什么会衰老和死亡

前文中指出，在封闭系统中熵永远是增加的，那么对于非

封闭系统呢？对于和外界可以通过边界交换能量的理想气体，很容易推出 $\Delta S = \int \dfrac{\mathrm{d}Q}{T}$（对可逆过程取等号，对不可逆过程取大于号），这是表面交换能量产生的非封闭系统中熵的变化。$\mathrm{d}Q$是外界输入的能量，当然可正（输入）又可负（输出）。那么总体来看 $\Delta S = k\Delta \ln W + \int \dfrac{\mathrm{d}Q}{T}$。等号右边第一项是内禀熵的变化，只能增；但第二项是表面熵，是由于系统和外界相互作用产生的熵变化。虽然这是根据理想气体推导出来的，但该表达式可以使用到其他任何领域，是普适的原则。也许这个表达式并不准确，但对开放的宏观系统，由于其和外界有各种交换（能量、粒子交换），必定存在一个表面熵，可正可负，附加到系统的内禀熵上。上述内容听起来有点玄乎，这里以人体为例来详细说明。

人会老，为什么？大家说，是由于这个病、那个病。不错，但还有老人无疾而终，是怎么回事？其实，真正的衰老、死亡是因为物理，即机体的老化，和金属老化（是决定飞机、桥梁寿命的主要因素）一样，是由于熵增！也就是机体内组分的混乱度增加，这是不可逆的过程。热力学第二定律告诉我们，孤立系统的熵永远增加，因而人一定会变老，最后死亡，也就是达到最大熵值，这个过程是不可逆转的。生病也是由于某个器官的熵增加了，内分泌失调，集体的混乱度增加，甚至精神不正常的"疯"也是典型的大脑组分的失调、混乱，使熵增加。

然而不是还有第二项 $\int \frac{\mathrm{d}Q}{T}$ 吗？它可以是负的，这就是典型的负熵问题。人的机体的某部分失调，混乱度达到较高的阶段，也就是局部的熵值太高了，就需要医学介入，用药乃至手术降低熵值，病人因此得到救治。

再举一个熵增的例子。美国曾有一个城市堪称文明典范，居民生活在健康、美满的环境中，该城市还被称为音乐之都，似乎一切都好。但一次海啸彻底改变了这个城市的形象，它变得混乱，抢劫、强奸等罪行都出现了，这是混乱度剧升的结果。最后警察介入，平息了骚乱，城市的一切又恢复正常。警察的介入就是提供了负熵。我们可以这样看，警察、法律等都是维持法治的重要措施，没有这些，熵必然无节制地增加，产生混乱。任何系统自发趋向于更加混乱，即熵增的过程是自然界的基本规律，不是人类可以控制的。但在局部，是可以通过与外界交换能量、信息等手段来降低混乱度的，也就是引入负熵。

我们把这些社会现象归之于物理规律，这似乎让一些人文学者不好接受。实际上，每个人有不同的习性、爱好和道德品质，但从亿万个体看，又是统计平均在主导。尽管会有涨落，那也只是局部的修改。例如第二次世界大战，尽管最后还有战局起伏，但纳粹德国和日本的战败是必然的。统计物理最主要的目标是找到事物的统计规律，虽然不同领域的物理规律有所不同，也就是相互作用规律是不同的，但从统计学的角度来看，医学、文艺、工程等完全不同的领域有着共同之处，那么研究的手段也很类似就不足为奇了。

但我们一定要记住，熵增原则是宇宙中的基本原则。虽然我们从宏观热学中建立了热力学第一定律（微观系统和宏观系统的能量守恒）和第二定律，但它们是宇宙中不可违反的规律，称其为"生命密码"也不为过。

相变

有了对统计物理的初步理解，让我们对统计物理的另一个更困难但非常重要的课题——相变做一点儿简单的讨论。

前面我们讨论的都是物质状态连续变化的统计规律，如升温，现在涉及的相变是某种不连续状态间的变换，可以是物质的状态，也可以是它们的微商具有不连续性，如一阶、二阶、相变。我们最熟悉的是水的相变。水可以是液体、气体或固体，在物理学中称之为液相、气相和固相，它们遵从完全不同的力学规律，但它们的分子构造都是 H_2O。在标准大气压（ atm，$1atm = 101325Pa$ ）下，在 $100℃$ 水沸腾变成气相，在 $0℃$ 时变成固态冰。当沸腾时，要保持水不断蒸发，就要供给热能，在这个过程中温度并不上升，直到水都变成蒸汽，温度才会继续上升，这时热量供给了潜热，是吸热过程。实际上，这个潜热给变自由的 H_2O 分子提供了使之脱离原来的液相的能量，也就是提供了克服吸引势的动能。这也自然解释了为什么在不同的大气压下相变温度并不相同。同样在水变成冰时，会放出热量。吸引势是负的，因而在水变冰时就要放出多余的能量，表现为丢失动能，当然相应的逆过程会由放热变成吸热。这就是春天冰融化时尽管温度没有什么变化，你会觉得很冷的缘故（当然，你不会想试试 $100℃$ 时的感觉）。在固相，分子间的吸引势比液相更强，潜热也就不同。由于水分子间的吸引势并不是很强，所以根据统计规律，在远低于相变温度时，会有少数分子获得足以克服吸引势的动能，飞离液体水而成为气体。这就是我们看到湖面上总飘着一层雾气的原因，也是统计物理给出的分子能量分布。相应地，由于固态物质对电子的束缚势能（负的）很强，电子一般不会自己飞出固体表面。只有当高能光子撞击电子，给予电子足够动能时，它才能飞离金属表面，这就是爱因斯坦所说的光电效应。

相变是宏观不连续的，相应的微观物理机制当然也是不连续的。由于我们确信宏观的一切现象都由微观过程决定，H_2O的分子结构不论在哪种相都是一样的，导致相变的微观物理机制一定不是在分子本身而是在分子间势能的改变。但具体计算会是很困难的，即使水的相变时时刻刻发生在我们身边，这是因为我们对分子间的相互作用势只有经验公式，而不能从更深层次推导出来。气态的水（水蒸气）中的分子距离很大，彼此间的相互作用很小，几乎可以忽略，因而将它作为近理想气体来进行计算，误差不会太大。而在液态的水中，分子间有一定的相互作用，但只限于近邻的分子间，这时，我们称之为短程有序状态。在固态中分子间的相互作用可以延伸到比较远，就称之为长程有序状态。

"相互作用导致有序和有组织，热运动引起无序和混乱。这两种矛盾的倾向，在统计物理描述上表现为玻尔兹曼因子里的 E_i 和 kT 之比（根据统计理论，很容易得到分子的各种概率分布，我们前面给出的麦克斯韦分布和玻尔兹曼分布就是其中的特例。一般地，概率都正比于指数函数 $e^{\frac{-E_i}{kT}}$），相变是一种倾向盖过另一种倾向时发生的突变。"（参见于渌、郝柏林、陈晓松的《边缘奇迹相变和临界现象》）。

事实上，相变是自然界最普遍的现象之一，宇宙创生和演化、天体物理、基本粒子世界，以及我们周围的宏观世界，相变无时无刻不在发生，但不同的相变是由不同的物理机制导致的。例如，我们在后面还会介绍强子和夸克胶子等离子体间的量子色动力学（Quantum Chromodynamics，QCD）相变。几个世纪以来，很多伟大的物理学家分别从理论和实验方面探讨了相变这个自然现象，但相应的相变理论今天仍然很不成熟，有待年轻人继续努力，推动这个令人振奋领域的研究，得到有关相变的最终理论。

细胞、染色体和 DNA

现在让我们稍稍偏离正题，讨论一下物理学家眼中的生物学。一个成年人体内有几十万亿个活细胞，那什么是活细胞呢？它必须有能从周围物质中获取自己需要的养分，能把这些养分变成生长所需要的物质，当它的体积足够大时，能分成与原来相同的细胞的特性。

细胞（下文均指活细胞）是一种具有半透明胶状物质（细胞质）的相当复杂的化学结构。每个细胞内有一个细胞核，细胞质在正常情况下对光的透射率都是相同的，因此不能直接在显微镜下看到细胞的内部结构。要看到细胞的内部结构，就必须给细胞"染色"，这是利用了细胞质各部分吸收染料的能力不同的性质。细胞核的细网特别能吸收加入的染料，因此能在浅色背景上突出显露。当细胞分裂时，细胞的网状组织会变得不同于往常，成了一组丝状的"染色体"。人的细胞里有 46 条染色体，构成几乎完全相同的两套（23 对），一套来自父体，另一套来自母体，决定了遗传性质。有了这个概念，"先有鸡还是先有蛋"的问题就不难回答了，这是个进化的问题。

生物的各种性质很多，而染色体的数目又不多，因而必须假设每一条染色体都携带一长串特性才行，这些特性沿着染色体的丝状形体分布。染色体上这些小小的组成单元——所谓"基因"本身载有各种遗传性质。用显微镜观察，所有的基因都有同样的外表，它们不同的作用一定深深隐藏在分子结构内部。似乎是遗传代码的顺序决定了它们携带的特性，即活机体的整个发育过程和发育成熟后的几乎所有特性。这些决定生物一切性质的组织体积有多大呢？把在显微镜下测量得到的染色体的体积除以它所包含的基因数目可以得到。一条染色体截面的直径大约为 0.001mm，体积为 10^{-14} cm^3，一条染色体所决定的遗传性质竟有几千种之多，那么得出一个基因的体积不会大于 10^{-17} cm^3。原子的平均体积为 10^{-23} cm^3，从而很容易就得出单个基因是由约 100 万个原子构成的。这当然是很粗略的估计。几十年来，生物学取得很大进展，测量的精度大大提高，我们得到了更多精确的信息。但我们相信，这个数字的数量级应该是合理的。

那么对于人类本身而言，成年人有几十万亿个细胞（这里以10^{14}个细胞为例），每个细胞有 46 条染色体，染色体总体积为$10^{14} \times 46 \times 10^{-14}\,\text{cm}^3 \approx 50\,\text{cm}^3$，这一点点的体积决定了人的主要特性！

基因本身是什么，是否能继续分下去？当然是可以的，从物理角度看，它也是由原子、分子构成的，但问题是这些更小的部分能否成为更小的生物单元的"复杂"动物呢？答案是否定的。基因是生命物质的最小单元。除了肯定基因具有生命的一切特性，因而和非生物不同之外，研究者怀疑它们同时还和遵守一般化学定律和物理定律的分子，如蛋白质有关。基因是由周期性重复的原子团组成的长链，上面附着各种其他原子团，称为核糖核酸（RNA）。

为了让读者更好地理解，让我多唠叨几句。染色体是细胞中的染色质经过高度螺旋化形成的，它由 DNA 和蛋白质构成。DNA 是由脱氧核苷酸组成的大分子聚合物，由碱基、脱氧核糖和磷酸构成。基因是有遗传效应的 DNA 片段，是 DNA 分子链的一部分。一个 DNA 中有成千上万个基因。DNA 分子结构中两条脱氧核苷酸链围绕一个共同的中心轴盘绕，构成双螺旋结构。

有趣的是，DNA 的双螺旋是左旋的，而没有右旋的 DNA，为什么？诺贝尔奖得主萨拉姆在 *Physics Letters* 中发表了一篇很有启发性的论文，他用对称性自发破缺来解释 DNA 的左旋。很遗憾，生物学家不了解这种只有理论物理研究生才懂的深奥物理，而大部分理论物理学家目前没有关心生命科学，同时对 DNA 的生物结构也不太了解，因而萨拉姆去世后没有人沿这条路走下去。目前由于对病毒研究的需要，也许是物理学家和生物学家携手开展研究的时候了。

在 20 世纪人们就认识到一些疾病用普通显微镜找不到细菌，例如流感。对于疾病从得病机体转移到健康机体的过程，人们假想了一种生物载体，并将其命名为病毒。后来利用电子显微镜人们才看到病毒的结构。病毒有很多种，并不一定是"毒"，virus 一词中就没有毒的意思。不过某些病毒确实是一些疾病的源头，例如流感、新型冠状病毒感染等，因而人们就定了它们的"毒"性。

病毒是大量小微粒的集合体，远比细菌小，总共具有不超过 200 万个原子。这正是单个基因中原子的个数。因而病毒微粒可能既没有在染色体中占有一席之地，也没有被一大堆细胞质所包围的"自由基因"。可怕的是，在 20 世纪中叶，科学家就预言"将来"一定能用简单成分合成病毒里的两种分子，把它们放在一起，就会出现人造病毒微粒。但我们既然能构造出人造病毒，应该也能毁灭这些病毒，只要我们的研究深入下去。

要想了解更多的相关内容，建议阅读伟大的物理学家伽莫夫的《从一到无穷大》。这是一本极为精彩的物理科普著作，尽管伽莫夫本人已去世多年，有些内容已经过时，但他写的这本书仍然对喜爱物理的年轻人有很大的启发意义，必定让你受益匪浅。

什么是生命

我在前文中提到物理学家不够关心生物学，这种说法有点武断，但对绝大多数近代物理学家，特别是理论物理学家来说，他们关心的重点确实不在生物学，这也许是因为生物现象太过复杂，理论物理学家常用的还原论不太能起作用。然而大物理学家，如我们前文介绍的萨拉姆就关注 DNA 的左旋结构的产生原理。其实早在 20 世纪，薛定谔这位量子力学奠基人之一就关注生物学，特别是生命。我们在量子力学中还会介绍薛定谔方程。在这里，我主要介绍薛定谔在他的书《生命是什么》中对生命科学的论述——其实很多生物学家很受此书的启发，然后根据我的理解做些发挥。换言之，生命现象和物理学是紧密联结的，而且是和统计物理、量子物理密切相关的。

薛定谔指出：生命有机体组成部分的原子排列方式，以及这种排列方式之间的相互作用与物理学家和化学家在理论与实验中研究的原子排列方式有根本的不同。我们在实验室里研究的主要对象是没有生命的物质。

从单细胞的生命体开始到有复杂结构的人类，所有最基本的东西都是分子、原子，它们无疑是遵循物理、化学规律的。但当大量的分子、原子按照某种方式堆积后，性质就完全不同了。按照前文给出的细胞描述，我们知道细胞可以汲取养料并且可以繁殖，这是铁球绝对做不到的。因而从无生命到有生命存在一个跳跃，也就是相变。但生物的活动需要遵循精确的物理法则，这是不能逾越的。人类等高级生物会思考，能感知，这又是在普通生物进化过程中出现的飞跃。薛定谔问："为什么人类大脑这样的器官及其附属的器官需要由无数的原子构成，才能使它的物理状态变化可以与高度复杂的思想产生密切的相关性？"这就是人类和单细胞的草履虫的不同，尽管地球生物就是从最简单的蛋白质生物进化来的，其中的相变却是不可避免的。人类的思想本身是有秩序的东西，并且能够将具有一定秩序的物质材料囊括。原子每时每刻都在做无规则的热运动，抵消它们有秩序的行为，所以发生在少数几个原子间的事件不符合已知规律。只有大量原子组合在一起，统计学定律才能影响和控制原子的集合行为。原子的数量越多，统计学的精确性越高，正是通过这种方式，人们观测到的事件本身才获得了秩序性。无疑，思维是有序的行为，因而必然是统计平均的结果。如果几个分子就能影响人类的器官，那一切都会乱套。

这也是动物的思维方式和人类的思维方式有根本区别的原因。古猿的大脑容积远远小于今天的人类。那是不是某些人的大脑比别人的大，就更聪明呢？我们的经验告诉我们不是的。这是因为大脑不是百分之百在工作，而且经过教育，不同大脑的工作效率就完全不同了。这是一个很复杂的过程。从目前普遍为人们接受的人工智能的应用研究我们就很容易理解这个趋势。在人工智能的研究中，我们认识到所谓人工神经网络的操作过程。元件是计算机，其构成很多层次，经过网络联结成组合单元。在使神经网络真正工作起来之前，神经网络需要一个学习过程。输入已知信号，在终端取出结果，将结果与已知输入信号的差异输回到初始端，修正参数，再进行计算，重复多次，直到输出信号和期望值一致。经过多次学习，最终这个神经网络可以自主地对输入信号进行判断。这方面的研究已取得了很大进展。这给了我们一个启示，人类的大脑就像计算机元件，尽管比目前人工智能达到的水平高得多，思维的形成还是与深度学习类似。也就是说，我们在理解人类思维形成的道路上得到启示，向前迈了一大步，即使尚未真正解决。

一个重要的话题是细胞的稳定性，也可以说是遗传的稳定性。父母的生理、心理，以及性格等特性遗传给子女，应该是通过染色体携带的 DNA 实现的。现在做亲子鉴定时就根据父母和子女的 DNA 吻合程度来判断是否有亲属关系。但一旦涉及稳定性，我们必定要指出变异的存在。事实上，遗传是相对的，但变异是绝对的。例如，栽种马铃薯切片可以得到下一代马铃薯，但大家都知道，这样的栽种方式会使马铃薯品种严重退化。同样，生物学家曾希望用动物的 DNA 来繁殖下一代，这样产生的下一代虽然会有些应用价值，但必然会带来退化。千万年来人类物种的进化显然是变异的结果，从古猿到现代人类，变化是巨大的。我们的行为和智慧与几千年前的古人相比，变化的确存在，但并不是天渊之别。这说明变异是缓慢的，只有经过上亿年才会产生明显的变异。我们不禁要调侃自己了，一亿年只是宇宙中的一瞬间，在自然界的眼中，从古猿进化到今天能制造宇宙飞船的我们，只不过是眨一眨眼的工夫！

飞跃式的变异是突变，它不可能是连续的，而且经过自然选择。巴甫洛夫学说就指出了这种跳跃性。这就让人想到量子力学描述的分立能级间的跳跃。但我们可以确信，遗传机制和量子理论有密切关系，薛定谔指出：可以说遗传机制就建立在量子理论的基础上。然而，分子结构和整体的稳定性会在很长时间间隔后出现突然改变，这就是量子力学理论中的能级跃迁。

我们在前面已经介绍了熵与生死的关系。是熵增决定了人必定衰老和死亡。生命的特征是什么？一种物质符合什么条件才能说它是有生命的呢？答案就是它能够持续"做某些事情"，不断运动，与环境进行物质和能量交换，而且和没有生命的物质相比，有生命的物质能持续存在更长时间。当没有生命的系统被分离出来，所有运动会因为摩擦力最终静止下来，热运动会让体系内外的温度均匀一致，形成真正的惰性物质的稳定态。物理学家称之为热力学平衡，具有最大熵。这个过程可以很快，如一滴墨水掉进一杯净水中；也可能非常缓慢，要几小时、几年、几个世纪或可以和宇宙年龄相比的数量级。在 18 世纪，很多理论家提出热寂说，认为自然界最终会达到混沌的宇宙热平衡，也就是宇宙的最大熵状态，那就什么都没有了。这个理论受到一些科学家的批评，尤其是，当我们意识到宇宙在膨胀，热寂便是不可能的，但宇宙熵的确是在不断增加的，也就是说不会达到宇宙的最大熵状态。

薛定谔指出：所有的物理规律都以统计学为基础。这也是我们前面论述过的"有序是否来自无序，还是有序必须来自有序"的基本观念。这个命题一直是有争论的，直到今天关于"自然界的自由意志"的讨论还在继续。他最重大的贡献就在于指出生命是以物理为基础的，是决定于统计物理的。

新型冠状病毒的传播和变异

众所周知，新型冠状病毒的传染性强、危害大，人类社会采取了各种措施进行防治，包括研发了若干种疫苗。但病毒通过不断变异，传染性更强，使防治更加困难。这是人类在战胜SARS 病毒后面临的又一次重大挑战。

实际上，从物理学角度，特别是统计物理学的角度看，病毒的传播、变异都是在统计物理的范畴之内的。所以，对病毒的防治也可以从物理机制入手。下面我简单地以统计物理来做些分析。

先看传播，病毒传播的机理就是玻尔兹曼输运方程。（7-1）式中给出的是在自由空间的扩散，事实上存在各种可能的干扰，这里重写（7-1）式为

$$\frac{\partial \rho}{\partial t} = D\nabla^2 \rho + \sum X_i \qquad （7-4）$$

X_i 可以是各种因素对传播的影响，包括消灭病毒、注射疫苗、

隔离措施阻断，当然也可能是由于新的产生源加入。另外我们注意到，求解（7-4）式需要输入初始条件 $\rho(t,\vec{r})=\rho(0,0)$，大家立刻就能猜到它对应的就是第一个感染者，也就是感染源。显然隔离感染源是很好的防治方式，乃至隔离第二代、第三代感染者都是截断感染途径的方式。根据医学观测，与患者保持 1m 左右的社交距离，被感染的可能性就大大降低，因而我们可以假定（7-4）式中的传播系数 D 具有指数衰减的形式 $D=D_0\mathrm{e}^{-aL}$，L 为间隔距离。然而当加入这个因子，方程就不是线性微分方程，而是较难求解的非线性方程。幸好，我们的计算机硬件和相应的软件都有了空前的进展，所以求解此方程没有太大的困难。

病毒是一种传染因子，因而它的变异就是统计物理所预言的正常现象了。薛定谔在他的《生命是什么》一书中就给出关于病毒变异的公式。他指出，变异不是连续的，是突变的，也就是我们前文讨论的相变，只不过这里涉及的相变不像水结冰那样明显。我们可以用量子力学的方式来理解这个突变。假定存在若干个能级，对应病毒的不同结构，或同构异能体，从统计物理的观点，病毒处在任何一个能级的时间都是有限的，它会从细胞蛋白质等环境中汲取能量或向环境释放出能量，从而跃迁到另一个能级（结构），这时变异就发生了。至于在新能级的病毒到底毒性增强还是减弱，就要看新的能级的具体结构了。SARS 病毒很可能是变异到没有毒性的结构，而不再具有威胁性。今天的新型冠状病毒不幸地变异到传染性更强的亚型了。

我们来简单探讨一下可能的感染机制。当然作为自由基因的病毒不可能自主传播，而是要有媒介，如人的唾液（气溶胶方式）。当它落到健康人裸露的呼吸器官，乃至皮肤上，就会侵入人体的细胞，从而和 DNA 中的相应基因相互作用，就有一定概率改写原有的基因。这样被改写的基因就起到破坏的作用，也就是被感染了。细胞的特点是不断增殖，重写自身，那么被感染的细胞就成为新的感染源。基因被改写显然不是一个连续的过程，而是突变。薛定谔在《生命是什么》一书中给出了基因变异的公式：

$$t = \tau \times e^{W/kT} \qquad (7\text{-}5)$$

其中：t 是期待时间，也就是基因存在不发生变异的时间；τ 是一个范围为 $10^{-14}\,\mathrm{s} \sim 10^{-13}\,\mathrm{s}$ 的常数（这个参数未必适用于新型冠状病毒）。这个指数函数关系并不是偶然的特征。它反复出现在统计热力学中，成为理论的核心。这个函数计算的是**一种不可能性**，即这个系统中的某个区域偶然积聚到数量为 W 的能量时的不可能性，也是能量增长到平均能量 kT 的一定倍数的不可能性。这句话对不熟悉统计物理的读者有点难理解，所以下面用更简单的语言来复述。

这个 t 是指基因没有发生变异的存在时间，也就是"不可能"变异的时间，当然是按统计物理的意义，偶然的个例不在考虑之中。但 W 是指某个能量，只要比 kT 大很多，这个 t 就很大，也就是变异不可能发生。薛定谔写下的这个表达式和我们常用的方式不同，我们习惯用可能的概率来计算，而不是不可能存在的时间，但实际上它们是一回事。

那么当一个健康基因被外来的病毒感染，它也会变异到另外的新状态。假定这个新状态是个能量激发态，那么根据（7-4）式所示，它很可能较快地发生次一轮的变异，回到原来的基因状态，这个基因就又是健康基因了。这个猜想是根据薛定谔对生命过程所做的物理描述提出的，确实符合报道的观测数据，因而可能是合理的，尽管这个模型可能太简单和粗糙了。

　　总之，正如薛定谔指出的，生命是统计物理研究的对象，它的一切特征、行为都是遵循物理规律的。生命过程也是熵增过程，当达到极大熵，生命也就走到尽头了。当然，在向最大熵挺进时，可以因负熵（表面熵，如医学治疗，乃至心情的调节）的引入使总熵有所降低，使生命得以延长，但总的物理规律是不能违反的。

第八章 玄妙的量子物理世界

现在是挺进到近代物理的时刻了。物理学可分为经典物理和近代物理，它们的分水岭就是量子物理。开尔文说过，物理学的天空上还飘浮着两朵小小的乌云。其中一朵乌云就是迈克耳孙-莫雷实验，它证明了电磁以太不存在，光速不随参考系变化，从而推动了爱因斯坦的狭义相对论诞生。我们在前面已讲述了，这是由于宇宙中存在一个终极速度，即真空中的光速，因而"同时性"就成为相对的了。虽然这个事实很令人震撼，狭义相对论也超出很多人的认知范围，但这个理论仍然有迹可循，因而也仍然属于经典物理的范畴。另一朵乌云就是我们下面要讲的黑体辐射实验对经典物理提出的挑战，对此普朗克提出量子解释，从而建立了量子论。量子论彻底跳出经典物理也就是经典思维的窠臼，开辟了全新的领域和世界观。量子论的诞生绝对是物理学的飞跃和革命，绝不是经典物理的延伸，它对现代物理的重要意义无论怎么说都不算夸大！

黑体辐射

物理学的终极观念是一切从实验出发，也就是一切归结于自然界的安排。我们承认物理学归根结底是实验科学，根据观测数据建立理论，如果理论和实验数据不符，或者在超出原来建立理论时所限定的能量、温度、体积等范围后，出现原有理论不能解释的现象，甚至矛盾，那就要好好想想理论在哪里出了问题，是要修正、补充，还是彻底抛弃旧理论而建立新的理论。

当然，由于旧理论在很多方面是成功的，它的预言也被实验所证实，即使在新的实验环境下与数据不符，也很可能是旧理论的局限性造成的，这时就需要对旧理论进行更新和修正。正如，在低速时狭义相对论和牛顿力学、伽利略变换没有矛盾，只有在接近光速时才需要修正牛顿力学。那么，是什么实验对我们已有的经典理论造成了冲击？这就是黑体辐射实验。

为了方便读者理解，让我简略介绍一下什么是黑体。我们知道，任何一种物质，只要温度高于绝对零度，就会辐射电磁波，当然也会吸收电磁波。黑体，顾名思义是看不见内部的实体，其实从很远处观察一间房屋，即使有窗户，也看不见它的内部，对观察者来说，它就是黑体。当然，我们现在要说的黑体辐射可不是那么简单的。它是绝缘的金属空腔，即不与外部交换热量，为了实验观测，还要有较高的内部温度。这时电磁波不断被金属壁辐射、反射和吸收，达到热平衡。我们要探讨的就是黑体辐射能谱，也就是辐射强度与电磁波的波长或频率的关系。

此时有读者会问，封闭的绝缘金属空腔里的电磁波能量和频率怎么测？实验物理学家给这个大空腔开一个小孔，将腔内的电磁波经过小孔引出来以进行测量。由于孔很小，即使有电磁波溢出也不会影响内部平衡态，实验结果如下。

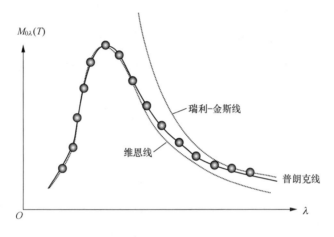

电磁波能量与频率测试

　　有了实验结果，理论物理学家当然试图用已有理论去解释数据。1893 年，维恩利用经典热力学和电动力学给出辐射能量密度公式。很遗憾，该公式只适用于高频区，也就是 λ 小的区域。瑞利和金斯于 1899 年利用经典统计物理学和电磁理论也得到一个公式，然而更不幸的是，这个公式只在低频时符合实验值，在高频时不仅和实验值大大偏离，而且当频率很高时强度趋于无穷大，这被称为紫外灾难。而他们做出推测所依赖的经典理论都是正确的，是经过无数实验验证过的，只是在黑体辐射问题上出现了难以克服的困难。那问题在哪里呢？

他们不约而同地运用了经典的统计函数，前面我们说过，宏观的量是微观过程的统计平均值，所用的是（7-2）式，是积分。大家知道积分的定义是对无穷小量 ε 求和 $\left[\ \bar{A}=\sum A_n f(v_n)\Delta\varepsilon_n=\int dv\, Af(v)\ ,\ \text{其中}\ n\to\infty\ ,\ \text{也就是}\ \lim\varepsilon_n\to 0\right]$。我们不知道普朗克当年是怎么想的，但他确实迈出前人不敢想的一步，在这个问题上，他抛弃了无穷小，而规定最小量的小是有限的。也就是电磁波与容器（空腔）壁的能量交换不是连续的（如果是连续的，就存在无穷小），而是一份一份的，这一份的能量是 $hv=\hbar\omega$，其中 v 是电磁波频率，h 是一个新的常量，称为普朗克常量，它的出现打开了一个崭新的物理世界——量子世界！很容易看到，原来连续的分布不再连续，每一步都有一个最小值，积分被求和取代，于是不可解的问题立刻得到完美的解决。普朗克线中的小球是实验数据点，普朗克理论与实验数据完美吻合。然而，假定能量在交换时不连续，而是一次只能交换一份有限值，这在当年太匪夷所思了。

连普朗克本人都不敢肯定他的确开创了一个新世界，尽管他的理论完美解释了黑体辐射。他用了 20 多年，试图将这个分立表达式纳入经典物理范畴。直到薛定谔和狄拉克理论的成功，证明了量子力学确实是和经典物理完全不同的新领域、新概念、新思维方式，普朗克才最终抛弃在经典物理中寻根的企图。

除了黑体辐射实验引发的经典物理不能解释的实验结果，促成量子力学建立的还有康普顿散射（光子与电子散射。根据经典物理，散射的光子频率要和入射的光子频率一样，但实验指出，二者是可以不一样的，这只能用量子论的波粒二象性解释）和光电效应［入射到金属表面的光不论多强，只要它的频率低于某个阈值，就不可能有电子发射出来。这当然就决定了 $h\nu$ 必须大于金属表面的逸出功（又称功函数、脱出功）。爱因斯坦由于在光电效应上的贡献获得诺贝尔物理学奖］。但两个实验主要是需要依据量子论的波粒二象性。也就是说，波在传播时能量也不是连续的，而是一份一份的，而这每一份就称为量子。那么你看这个带有确定能量的量子是不是就像一个粒子？那我们岂不是又回到牛顿的光粒子说，那又怎么解释对应波动说的干涉、衍射实验呢？粒子特性的表征是空间分立，而波的表征是连续，这两者间的矛盾似乎无法调和。的确，在经典物理的理论框架下确实不可调和。然而在量子领域，也就是微观领域，这两者只是一枚硬币的两个面，我们在后文会阐述这个令人陶醉的话题！

量子力学以完全出乎当时学者预料的形式出现，他们对这个新理论产生了质疑，首先就是波粒二象性。有没有实验对这个论断做直接的验证呢？有！

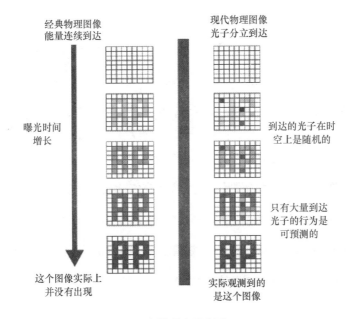

光学曝光示意图

在上图中，左边是传统意义上理解光学曝光的经典物理图像。从曝光时间看，最初始时在底片上就有被曝光对象的痕迹，曝光时间越长，图像就越清楚。这是我们熟悉的效果，但这时的经典图像是基于大量光子同时到达被曝光对象的条件得到的。与之不同的是，现代技术已经允许每次只发射一个光子。那么我们在上页图的右边看到，当一个光子经过被曝光对象时，在底片上只留下一个亮点；在发射小数目的光子后，它们在底片上的位置完全是随机的，看似没有什么规律，也是无法预测的；而当重复发射光子的次数大量增加时，奇迹出现了，原来无规则分布的光点连成了一个图像，而它就是经典方式曝光产生的图像。更奇妙的是，用电子做类似的实验，如电子的金属衍射实验，也能得到同样的结论。

怎么理解这个现象呢？量子力学的根本在于其不像经典物理那样，可以预言粒子出现的准确位置并给出动量的确定值，而是给出某个微观客体出现在某个位置邻域的概率和具有某个动量值的概率。换言之，在微观世界一切都取决于概率，而负责确定概率的动力学就是量子力学。

我们看到每一次曝光都是孤立事件，且完全是随机的，但

电子落在哪个点的概率却是完全确定的。因而在多次曝光后，统计规律就给出大量光子一次曝光得到的图像。这和掷骰子的道理很相似。那怎么看那些落在屏幕上的点呢，那些就是确定的点了？不错，它们正体现了微观客体的粒子性。我们也可以做杨氏双缝干涉实验，同样每次只发射单个光子，出现和曝光类似的情况，也就是长时间持续发射光子会在后面的屏幕上出现干涉条纹。开始屏幕上点的分布也是随机的，时间一长，和经典的干涉条纹一样的结果就显现了。但每次只发送单个光子，怎么会有波动的干涉呢？这就是量子物理的奥妙了。玻恩首先指出量子力学中微观客体对应的波不是经典力学中我们熟悉的声波、水波还有电磁波等，而是概率波，它的传播不需要媒介。对应德布罗意的波函数假设，也就是假设一个微观客体具有一个确定的波函数 $\Psi(x,t)$，在这个状态的微观客体出现在 (x,t) 领域的概率为 $|\Psi(x,t)|^2 \, \mathrm{d}x$。既然是波，就有波的性质，也就是可以在空间延展。那么一个光子，也就是一个微观客体，它也对应一个概率波，叫德布罗意波，因而具有穿过双狭缝中任何一个的概率，对应通过双狭缝的两个概率波干涉，在屏幕上出现的是 $|\Psi_1 + \Psi_2|^2 \, \mathrm{d}x$ 的概率，重复多次时，经典的干涉条纹自然显现。这有点像经典光学的杨氏双缝干涉实验，通过两个

狭缝的光束必须来自同一个光源，否则干涉条纹消失。这是因为相对相位的不确定性造成平均值抵消。那么即使从同一个光源发出的光束，如果从不同的原子出发，它们的相位也不会稳定，因而也不会产生干涉，所以归根结底，干涉是光子的量子力学效应。

有人会问，如果我们把单个光子看成一个粒子，是否能体现粒子性呢？费曼（又译为费因曼）做过一个实验，在双狭缝实验装置的一个狭缝附近安装一个特殊装置，以检验光子是否从这个狭缝中通过。当这个装置起作用，判断了每次光子是否通过时，屏幕上的干涉条纹就消失了。现在对这个现象的解释是测量影响了微观状态，出现波包塌陷。但这是个有争议的观点，经过几十年的研究，对这个实验结果至今人们还没有一个完美的结论。从基本的、没有争论的原则出发，我们可以说，这个实验说明微观客体的粒子性和波动性是不能同时出现的，但一个微观客体确实同时具有波动性和粒子性。有一个恰当的比喻，这就好像一枚硬币，有两个面，一个面上的是字，另一个面上的是图案。你永远看不到字和图案同时出现，掷一次只能出现其中一个面。但只有图案或只有字就不是硬币了。粒子性和波动性正是微观客体的两个面，不同时出现但同时存在，就看你如何规定实验的条件了，这决定你想看微观客体的哪种性质。

旧量子论和新量子论

普朗克的量子说问世后，光电效应和康普顿散射都变得可以理解。那么既然在能量交换（黑体辐射）和传播（光电效应）时，光都是量子化的，电子也具有波动性，如电子的固体衍射，那电子的行为是否也应该是量子化的？答案显然是肯定的。在不脱离经典物理的基本原则下，玻尔将当时普朗克提出的量子假定推广到原子体系，从而解决了一个困扰物理学家多年的理论问题。根据卢瑟福的模型，电子围绕带正电的原子核运动，作用力就是相互间的库仑力。电动力学告诉我们，具有加速度的带电粒子必将辐射能量。围绕原子核运动的电子由于有向心加速度，就必须辐射能量。这样它的动能就会减小，在库仑势作用下（提供向心力），运动半径会越来越小，最终必定掉进原子核，原子从此消失。显然这和我们对世界的认知不同，要么麦克斯韦理论不对，要么存在什么重要的东西使电子保持在它的轨道上。量子力学就提供了对这种可能性的解释。由于经典量的量子化，原来预定的电子的经典轨道也需要量子化，即只有满足一定量子条件的轨道才被允许（$\oint pdq = nh$，n 是正整数），而且电子在这条轨道上不辐射能量。问题圆满解决。

这是旧量子论，因为它还保持了经典物理中确定的轨道概念，也就是电子作为粒子有确定的位置、动量和角动量。然而，如我们前面讨论的，量子力学最根本的变革是物理量从经典的有确定值的量变到新的观念：物理量的值是不确定的，而是有确定的出现概率（当然，以后我们还会提到，在某些情况下，某些物理量会取确定值，这时它们出现的概率为 1）。据此德布罗意引入了波函数，同时原来确定的物理量被量子化成算符，例如动量就变成微商算符 $\hat{p} = \dfrac{\hbar}{i}\nabla$。在原子结构中，电子既有波动性又有粒子性，它具有确定的轨道角动量，但没有确定的轨道概念。基于算符的定义，利用 $E = \vec{p}^{\,2}/2m$（非相对论的动能公式），就得到非相对论的波函数满足的波动方程，这就是薛定谔

方程 $i\hbar\dfrac{\partial\psi}{\partial t}=H\psi$ ，H 就是体系的非相对论的哈密顿量（势能加动能）。利用此方程，薛定谔计算了氢原子的能谱，得到与实验非常吻合的结果，从而宣示了薛定谔波动理论的成功。但是这个方程不是关于相对论的。其实薛定谔也想构造相对论的方程，但根据他得到的方程，对氢原子光谱的预言和实验不吻合，因而他放弃了这个尝试，而转向非相对论方程。后来，我们知道他的失败是因为他构造的相对论方程不能放进电子自旋。这个问题被狄拉克解决了，他做了前人想都不敢想的事。自由粒子（电子）相对论能量是 $E=\sqrt{c^2\vec{p}^2+m^2c^4}$ ，我们在中学时就知道这个根号是不能开方的。可是狄拉克就硬把它开了方，写成 $E=c\boldsymbol{\alpha}\cdot\vec{p}+mc^2\boldsymbol{\beta}$ 。

当然这时 $\boldsymbol{\alpha}$ 和 $\boldsymbol{\beta}$ 不再是普通的数，而是矩阵。狄拉克发现正是它们对应了电子的自旋，从而建立了波函数的相对论性狄拉克方程。

有一件关于狄拉克的趣事。狄拉克一心扑在物理研究上，在其他方面和正常人有些不同。有一次，他参加在英格兰古堡里举行的学术会议，主持人说这个古堡闹鬼，有一个幽灵会准时在午夜 12 点出现在某室。狄拉克马上举手问道："您指的是格林尼治时间还是夏令时？"（夏令时是在夏天为了照顾人们的工作需要，特意将时间人为调快 1 小时，曾经普遍采用过，但大概还是不方便，所以现在世界上的很多国家都放弃了。）狄拉克方程还带来另一个重要推论，任何费米子都存在它的反粒子，如电子和正电子、质子和反质子、中子和反中子，等等。根据这个理论，安德森在宇宙线中发现了正电子，从而获得了诺贝尔物理学奖。

说到自旋，让我介绍一下这个重要概念。实验中人们发现电子，还有质子、中子等"基本粒子"具有磁矩。我们知道磁矩是电流乘面积 $\mu = IA$，那么就得有一个带电环流。斯特恩-革拉赫实验发现电子带有磁矩，对应自旋为 $\frac{1}{2}\hbar$（是分立的，在磁场作用下只能分裂成两条谱线），当时首先猜想电子的自旋磁矩是电子的电荷在绕中心旋转。但随后的研究指出这会导致超光速，因而实验获得的图像就被放弃了。研究指出，自旋完全是微观粒子的内禀属性，和电荷、质量等一样，属于粒子自身，不能用经典图像来描绘，它对应的磁矩就是 $\vec{\mu} = \frac{q}{m}\vec{s}$。

至此，新量子力学的框架就完全建立了。

不确定性原理

在量子力学中，系统的所有信息都存在于波函数中。在这个系统中任何力学、电磁学等物理量，都以特定的概率出现，除非这个系统处于该力学量的本征态（就是自己和自己玩的意思），否则没有固定值。因而宏观测量得到的是相关物理量在指定量子态中的平均值。每一次在这个系统中测量这个物理量都可以得到某个特定的值，它必定是这个物理量的一个可能值（专业用语：这些可能值是该物理量算符的本征值）。大量测量就是将这些可能值按一定概率加起来再除以总次数得到平均值，即加权平均值，因为每个可能值出现的概率不同。这就好像有人将骰子改造，让某个点数出现的概率增大。这样，在计算中相应的力学量就成了作用在波函数上的算符。这有点像统计物理中力学量的平均值，是 $\int \mathrm{d}x\, A f(x)$ ，其中 A 是力学量， $f(x)$ 是系统的概率分布，在量子力学中就变成 $\int \mathrm{d}x \psi^*(x) \hat{A} \psi(x)$ 。 $\psi^*(x)\psi(x)$ 就是概率密度。但由于力学量 A 变成了算符 $\hat{A}$ （我们知道，动量算符为 $\dfrac{\hbar}{i}\nabla$，能量算符为 $i\hbar\dfrac{\partial}{\partial t}$），它就必须插入

$\psi^*(x)$ 和 $\psi(x)$ 之间了。

由于力学量变成作用在波函数上的算符，与原来对易的力学量（在经典物理中，任何两个量相乘的次序是没关系的，$ab = ba$）对应的算符就不对易了，最典型的是 $[\hat{x}, \hat{p}_x] \equiv \hat{x}\hat{p}_x - \hat{p}_x\hat{x} = i\hbar$。

对易关系在量子力学中至关重要，决定了算符间的关系。正是由于算符的不对易（也就是相应的力学量不能同时取确定值，显然都不能交换了，作用在波函数上不会有确定数值），才出现了不确定性原理（原来称测不准关系，现在物理学家们将之升级为原理，其实英文原词就是原理，也许最早的翻译觉得太高看它了，就是个测量问题嘛）。

$$\overline{(\Delta p_x)^2} \cdot \overline{(\Delta x)^2} \geqslant \frac{\hbar^2}{4} \qquad （8\text{-}1）$$

这个不等式指出，虽然（8-1）式 [上面的横线表示平均值，而差值定义 $(\Delta A)^2 = (A - \overline{A})^2$] 是从量子力学中的最基本假设出发推导出的关系，但在理论上上升到原则的高度，成为自然界的

基本法则。

那么读者可能会问，为什么我们在宏观世界里没有不确定问题呢？如果有，那射击竞赛就成了胡闹，连靶子位置都测不准，还怎么瞄准！事实上，宏观世界中的物体，包括靶心位置占有的尺寸都比可见光的波长（一般为 390nm～780nm）大很多，我们也可以说所有宏观相应的量比 $\hbar$ 大若干数量级，因而可以不考虑量子力学的这个原理。

纠缠态和远程传输

什么是纠缠（entanglement）？很简单，中学时我们就学过因子化，如 $x^2 - 3x + 2 = (x-1)(x-2)$，等号左边变成了右边的两个因子的乘积，这是不纠缠的经典例子。但如果一个表达式不能分解成两个或多个因子的乘积，这些可供展开的态就是纠缠态。量子力学中，我们由两个自旋为 $\frac{1}{2}$ 的态构成自旋为 1 或 0 的态，也可以是光子的两个极化态，那么表达式为

$\frac{1}{\sqrt{2}}\big[|\uparrow\rangle|\ \rangle\downarrow\rangle\pm|\downarrow\rangle|\uparrow\rangle\big]$，上下箭头表示自旋为 $\pm 1/2\hbar$，这两项之和就不能写成两个因子的乘积，因而它们"纠缠"了。别小看这个纠缠，它就是远程传输和量子计算的基础。"纠缠"一词是薛定谔引入的，是表示暂时耦合的从一个粒子衰变而来的微观粒子不再耦合，但即使在类空区 $(\Delta x)^2 - c^2(\Delta t)^2 > 0$ 仍然有关联。这在爱因斯坦看来是不可思议的，因为任意两个态之间如果有关联，必然有某种信号在它们之间传递。但如果那样，这个信号的载体必然以超光速运动，这是相对论所禁止的。这就是著名的 EPR 佯谬。但最近的一些实验确实做到了远程传输，因而有理论认为相互作用可以是非定域的。对此，爱因斯坦认为量子力学不完备，存在隐变量。针对 EPR 佯谬，贝尔提出了一个贝尔不等式来检验是否存在隐变量。由于实验很难做，虽然目前对光子的探测证明量子力学的纠缠假定是对的，即不存在隐变量，但由于误差限制，还不能完全排除隐变量的存在。至于如何调节量子力学和相对论的矛盾，至今还是理论物理中的难题，期待 21 世纪的理论物理学家和物理学实验家一起来解决。然而，量子力学确定的远程传输的确推动了技术的发展，在将来的通信工程中会起到重要作用。

量子计算机

现代的科研和工程,如天气预报、石油勘探以及军事工程等,都需要进行海量的计算,而目前的计算机计算速度和存储容量都远远不能满足需要,从而限制了需要高速运算课题的发展。

计算机的运算是采取二进制的,序列为 0,1,10,11,100,101,110,111,…,分别对应常规十进制的 0,1,2,3,4,5,6,7,…。提高计算机计算能力的一个重要措施是增加存储量。由于是二进制,每个最小存储单元——比特(bit)就只能有两个状态(0 或 1)。那么大家可以算算,数字 1000(还只是很小的数)要多少比特? 但在量子计算机中采取的是量子比特,每个存储单元储存的是 $\alpha|0\rangle + \beta|1\rangle$,只要求 $|\alpha|^2 + |\beta|^2 = 1$。由于 α 和 β 可以取任意值,这个量子比特的存储功能就远远超出经典比特了。

具体来说,虽然有很多关于量子计算机取得成功进展的报道,特别是最近关于大型计算机和用最新的量子计算机来参加围棋比赛的报道指出,比赛结果证明计算机远远超过人类大脑能计算的速度和前瞻能力(人们一开始用普通大型计算机"深蓝"，后来采用了新的量子计算机进行比赛，发现它的功能是普通计算机无法比拟的），但量子计算机真正能投入实际使用可能还需要相当长的一段时间。相应的量子力学中的无损伤探测技术和腔 QED（量子电动力学的英文缩写）的理论与实验研究在不断深入。有兴趣的读者请关注我国和其他国家关于量子计算机开发和应用的最新进展。

总之，随着人类探索自然界的步伐跨得越来越大，越来越快，在对宏观和微观物质世界乃至整个宇宙的了解走向更深层次的时代，人类对技术，特别是对与量子论相关的技术的需求越来越高。这也推动了量子力学的研究，不仅是对量子物理原理应用的研究，而且对量子力学最基本的原理和原则的深入探讨也成了今天乃至整个 21 世纪重要的领域，因为这方面的欠缺很可能会成为进一步应用量子物理为人类造福的障碍。

量子力学的局限性，二次量子化和量子场论

由玻恩、海森伯、薛定谔、狄拉克等大理论物理学家建立

起来的新量子力学是基于微观客体的波粒二象性和概率波的解释。他们引入波函数，认为所有的微观系统的信息都包含在波函数中。据此，人们将所有宏观世界中的力学量对等地引入微观世界，但将它们以确定形式变成作用到波函数上的算符。由于算符不对易（遵从确定的对易规律，我们称之为对易子），出现了相应的物理量的不确定性原理。当然，对电子、光子、质子等微观粒子（也许可以推广到大得多的原子核）来说，由于宏观物质和宏观物理量比 $\hbar$ 大得多，这个原理就没有什么具体意义了。

然而这些理论和薛定谔方程、狄拉克方程都是描写波函数演化的，它们的演化是由于存在相互作用哈密顿量，也就是势能。为了保证所涉及物理过程的幺正性，也就是概率有限和守恒，相应的哈密顿量还有所有的力学量算符必须是厄米算符，以保证它们的本征值是实数。但是这样做就不能描述粒子的产生和消失，也就是说这种量子力学体系不能描述粒子的衰变，而粒子的衰变是实验观测到的。原子核的衰变正是卢瑟福、居里夫妇从实验中观测到的物理现象。要描述衰变过程，势必要放弃对哈密顿量的厄米性质的要求。因此它的本征值就是复数了。的确，能量本征值的实部对应微观粒子相应的表观能量，即动能加势能；而虚部对应微观粒子的寿命，即不稳定性。

一旦取消哈密顿量的厄米性质，显然粒子数守恒就会被破坏，相应物理过程的幺正性也会被破坏。显然概率不再是 1，而是小于 1 的数。这似乎是对现有理论的一个挑战。那么，让我们来看看问题出在哪儿。量子力学中的计算是基于对波函数建立的方程——薛定谔和狄拉克方程，其中势函数大部分是对应经典物理而植入的，当然也有新的添加项，如自旋相关项。这些都植根在对微观客体的波函数假设。也就是说，为了体现微观客体运动的概率性质，引入波函数。相应地，所有出现在量子理论中对应经典物理中的力学量都被"量子化"成算符，从而建立起至关重要的算符间的对易关系。提醒一下，最重要的一个对易关系是 $[\hat{x}, \hat{p}_x] = i\hbar$。这个做法被称为一次量子化或正则量子化。我们注意到，在这个过程中强调了微观客体的波动性，而粒子性被忽视了。为了解决这个问题，二次量子化建立了。

首先，在研究多粒子问题时，正如经典统计物理那样，我们不再关注粒子 a 在什么状态（假设在 A 态），粒子 b 在什么状态（假设在 B 态），粒子 c 又如何，而是关注有多少个粒子在 A 态，多少个在 B 态，至于是粒子 a 在 A 态还是粒子 b 在 A 态就无关紧要了。这就是粒子数表象。由于在这个表象使用了粒子数，就可以构造粒子的产生和消失算符，它们分别是在某个态（如 A）产生一个粒子（管它是 a 还是 b），也可以在某个态（还可以是 A 或 B 态）消失一个粒子。由于两个态的能量可能不同，如果在低能级 A 产生一个粒子，它就会带有 A 能级的能量，同时在较高能级 B 消失一个粒子，那么就会多出一个能量差（ $E_B - E_A$ ），为了保证能量守恒，就必须要求某种方式的补偿。例如，原子内的电子从高能级跃迁到低能级，即在低能级产生一个粒子，而高能级消失一个粒子，必然伴随一个粒子，一般来讲是光子的发射，这个光子就携带着这个多余的能量。反之，就需要吸收一个光子，低能级电子才能跃迁到高能级。在这个图像中，粒子性被强调了。在粒子数表象中新的态函数用来确定有多少个粒子在基态，多少个在第一激发态，多少个在第二激发态，等等。当然，如果伴随光子辐射，新的态函数也需要包括一个或多个具有不同能量和极化的光子，乃至其他粒子。

那怎么协调这个看来确定的图像（粒子性）和以概率为基准的图像（波动性）呢？正如在本章开始时所指出的，波动性和粒子性都是微观客体的内禀属性，就像一枚硬币的两个面，缺一不可，但又不同时出现。二次量子化就将场方程（薛定谔或狄拉克方程）中的波函数量子化成场算符，它们包含粒子的产生和消失算符。方程的解当然也是算符，它们将直接作用到粒子数表象的新"态函数"上。于是，粒子的产生和湮灭就是很自然的事了。当然，能量守恒、动量守恒、角动量守恒，以及电荷守恒都是必须保证的。有了这个基础，就过渡到相对论的量子场论。量子场论不仅保证了上述的守恒量，而且还涉及了不同粒子的产生或湮灭。当然，要做到这一点，还有一些附加的约束必须强制存在。例如，李政道和杨振宁发现宇称在弱相互作用中是不守恒的，尽管当时很多大物理学家认为这个突破匪夷所思而不认可，直到吴健雄用实验证实了 β 衰变中的宇称破坏，他们才接受这个事实。在量子场论中，乍一看，幺正性似乎被"圈图"，也就是被量子修正所破坏，但几位高能物理学家建立的重整化理论拯救了幺正性。

由于量子场论需要更多、更深的数学知识，我在本书中就不再多介绍了，感兴趣的读者可以继续学习。

再论新型冠状病毒的变异（量子力学）

新型冠状病毒变异成德尔塔型后传播更快。这当然是个坏消息。然而从物理的角度看，变异是自然现象。要从根本上理解病毒的传播和变异，关键在于了解上一代病毒的结构与变异后病毒新结构的关系，以及产生变异的物理机制。

不同的新型冠状病毒的状态是不连续的，这类似原子中电子轨道的不连续，变异也就对应电子在不同轨道间的跃迁，更严格地说，是不同量子态间的跃迁，可以是不同能级间的跃迁，也可以是能量一样的简并态间的转换。在量子力学领域内，能级间的跃迁可以依据爱因斯坦的理论处理，我们可以将这个理论推广到病毒变异进行讨论。

根据薛定谔定理给出了病毒在变异之前所持续的时间为 $t = \tau_0 \times e^{W/kT}$，$W$ 越大，变异之前病毒停留的时间就越长，因而这个公式是指病毒不可能变异所保持的时间，W 也就对应某个阈值。但根据爱因斯坦的方法则刚好相反，是讨论变异可能发生的概率，以及恢复的概率。

现在先让我们介绍一下爱因斯坦关于原子发射和吸收的理论，这是建立在平衡态条件下的理论。从较高能级跃迁到较低能级，可以分为自发跃迁和受激跃迁两种情况，两种情况中都有能量为 $\hbar\omega_{nm} = \varepsilon_n - \varepsilon_m$ 的光子辐射出来。原子从低能态跃迁到高能态必须从外界得到 $\hbar\omega_{nm}$ 的能量，爱因斯坦引入 3 个量 A_{nm}、B_{nm} 和 B_{mn}，其中 A_{nm} 对应从高能态 $|n\rangle$ 到低能态 $|m\rangle$ 的自发跃迁概率。对于受激跃迁，激发跃迁的光在 $\omega \to \omega + \mathrm{d}\omega$ 频率范围的能量密度为 $I(\omega)\mathrm{d}\omega$，则受激跃迁概率的定义为在单位时间内电子从高能态向低能态跃迁的概率为 $B_{nm}I(\omega_{nm})$。反过来，从低能态向高能态跃迁并吸收能量为 $\hbar\omega_{nm}$ 光子的概率为 $B_{mn}I(\omega_{nm})$。假定在 ε_n 和 ε_m 能级状态的原子数目分别为 N_n 和 N_m，那么平衡条件要求

$$N_n\left[A_{nm} + B_{nm}I(\omega_{nm})\right] = N_m B_{mn}I(\omega_{nm}) \qquad （8-2）$$

也就是向上跃迁的原子数目和向下跃迁的原子数目在一定频率的光照射下相等，系统达到动态平衡。

　　假如在两个态上原子的分布遵从麦克斯韦-玻尔兹曼统计（我想这是最可能的分布，也是最符合物理规律和统计规律的分布，这点大概绝大多数的物理学家都同意），那么

$$\frac{N_m}{N_n} = \exp\left[-\frac{\varepsilon_m - \varepsilon_n}{kT}\right] = \exp\left[\frac{\hbar\omega_{nm}}{kT}\right]$$。经过一些直接推导，可以

得到 $\dot{A}_{nm}$ 和 $B_{nm} = B_{mn}$ 的关系—— $A_{nm} = \dfrac{\hbar\omega_{nm}^3}{c^3\pi^2}B_{nm}$。

　　现在我们可以把爱因斯坦理论推广到新型冠状病毒变异的讨论中。我们假定病毒开始时是处于基态 $|\psi_m\rangle$ 的，从物理的角度看，即使变异后的病毒的结构和初始病毒不同，那也应该是对应不同能级的同构异性体。因为不会是完全不同的病毒或高分子结构，否则的话，就不再是我们所说的新型冠状病毒了，而是什么新的东西，和我们现在面对的病毒变异无关了。这样看，病毒的变异就对应量子世界中的能级跃迁。由于变异前后的结构是不连续的（不是渐进地变异，而是突变），我们可以将病毒变异和分立能级间的跃迁联系起来，认为它们的基本机理是相同的。因而我们可以将病毒的变异机理归结到受外界影响，或病毒间的相互作用（多体问题），抑或能量涨落等因素。病毒可以从基态或其他态 $|\psi_m\rangle$ 变异到 $|\psi_n\rangle$，那么 $|\psi_n\rangle$ 当然也会变异

到 $|\psi_m\rangle$，它们之间的关系就是（8-2）式所显示的。我们要估计病毒的变异率和存活时间，也就是要计算 B_{mn}。在大部分量子力学的教科书中都给出光的吸收系数 B_{mn}，因为对电磁理论和原子结构我们有足够的知识，然而对病毒的量子结构或者说量子能级，我们就没有足够的知识了，所以需要更多的理论和实验的研究，才能一步步地了解更多信息，建立合理的理论，从而真正解决病毒变异之谜。幸好，近年来科学家们对 DNA 的研究已经有了巨大进展，特别是在生物和化学层面上取得的成绩已经开辟了通向认识 DNA 和改造、处理基因缺陷的正确途径。那么物理学家涉足这个领域后肯定会带来真正的"革命"，不仅是理解新型冠状病毒变异的机制，而且很可能找到引导这个可恶的病毒变异到完全无害的病毒的方法，而且会解决与病毒相关的一切疾病。我深信，物理学家解决病毒变异及相关病症，乃至造福人类的一天终会到来。

顺便说一下，在薛定谔关于变异的公式中，温度越高，变异越快。那为什么经验告诉我们，冬天新型冠状病毒感染率远远超过夏天呢？研究表明，由于病毒作为大分子结构是不能独立传播的，它们只能附着于其他媒介，如人在讲话时喷出的飞沫，从感染的病人传播到健康人。因为飞沫不可能飞得很远，所以保持 1m 的安全距离是有效的，同时戴口罩也是隔断病毒传播的有效方式。当环境温度变低时，飞沫中的温度相对较高，病毒密度较小，就更容易传播，造成感染率增加。

第九章 基础物理是理解世界体质的工具

关于物理学

物理学可分为基础物理学和应用物理学两个独立但又密切相关和互相促进的分支。前者的作用是，人们利用基础物理研究得到的关于自然界的相关知识造福或为祸于人类；后者是直接通过实验探索自然界，构造理论模型来解释观测到的现象和做出对新物理过程的预言，不断地对新模型、新理论进行检验。对应用物理学，我们在本书最开始已经详尽地阐述了，物理学的任何进步和成就都带来巨大的变革，对人类物质和精神文明的影响之巨大是远远超过其他学科的。但基础物理学是这一切的根本，基础物理学取得的任何进展给人类的精神文明带来的影响都是无法估计的。没有物理学的进展，人类可能还停留在石器时代，由于对自然界缺乏理解，还在盲目地崇拜火或神灵。然而历史的"巨人"推动着物理学的发展，给人类文明带来今天的成就，而且必将继续前行。

至于物理学的研究方法，我们首先肯定物理学的一切都是以实验观察为基础，为出发点和研究的推动力。当人类对自然现象做了仔细的观察后，就要建立理论来理解所看到和体验到的现象，并对新现象做出预言。建立新理论有两条并行的途径：还原论和演生论。前者是我们很熟悉的方式，是牛顿、爱因斯坦，特别是玻尔兹曼所推崇的，也就是万物皆有源头，任何复杂现象都是由简单事物构成的，一定可以追溯到最基本的原则，即物质结构和基本相互作用。玻尔兹曼的分子动力学将复杂的热力学现象归之于分子运动，而分子间的相互作用遵从力学和电磁学的基本规律，通过统计力学，我们可以知道分子运动是如何在一切宏观现象中体现的。

爱因斯坦解释，统计概率出现的原因是我们对所涉及系统的细节（力学的、电磁学的）了解不够，因而他不满意量子力学的概率解释。直到今天，大部分物理学家还是相信并依赖还原论的。即使在量子力学中力学量以确定出现的概率取代了经典物理中力学量的确定值，概率的分布仍然遵循一定的基本原则，如薛定谔方程和狄拉克方程，是可以预测的。因而我们对微观世界仍然能追根溯源。

《科学思维的价值》的作者廖玮认为，演生论的观点下宏观尺度的问题十分复杂，大量原子和分子的复杂行为并不总是可以通过还原论由单独原子的分子的性质简单地推导出来。演生论认为，在每一个复杂的层次之中都需要全新的物理定律。确实，复杂系统具有随机和紊乱的特点，是我们还没有有效方法做出可靠预测的系统。有些东西当我们有深入的了解后就成了简单系统（爱因斯坦的观点）。

但有些就不是这样的，例如混沌现象、众所周知的蝴蝶效应、气候的厄尔尼诺现象、湍流在雷诺数超过一定值会自然出现，乃至一些相变现象都超出利用简单系统的原则能得到的解释和预测。由于对混沌和明显随机现象的研究取得了成果，3位物理学家分享了2021年诺贝尔物理学奖。真锅淑郎和克劳斯·哈塞尔曼的研究是理解地球气候变热机制和人类活动如何影响地球气候的重大进展，乔治·帕里西对无序材料和随机过程理论做出革命性贡献。2021年的诺贝尔物理学奖似乎是对演生论的重大支持。

根据大部分物理学家的研究方式，本书还是基于还原论来讲述物理学。这也是物理学发展的历史途径。

夸克模型的建立

基础物理学是要探索自然界的本质，这包括两方面：最基本的物质结构和最基本的相互作用。

对最基本物质结构的探索从古猿到现代人类，几千万年来一直不断（也许应该说是几十万年。但真正迈入有科学意义的历史也就是几千年吧），对物质结构的认识也在不断深入。我国古代认为最基本的物质可归为金木水火土的五行，到了 18、19 世纪人们逐渐走上正确认识自然界基本规律和物质深层次的道路。各种各样的物质有没有一个规则将它们归结到一个简单的框架中呢？

　　我们首先想到的是门捷列夫的元素周期表。这是人类认识自然界历程中最伟大和高光的时刻之一。门捷列夫将当时发现的所有元素按原子量排成一列。但这一列说明不了什么原则上的关联，只是简单的数字排列而已。不知道门捷列夫当年是怎么想的，但肯定是最天才和伟大的猜想，一点也不比普朗克的量子猜想逊色。他在第一个稀有元素处截断，将余下的元素换到新的一行，到下一个稀有元素重复这个操作。于是奇迹出现了：每一列的元素有相似的化学性质，这决定了化学元素可排列成一个有周期性质，但周期又不完全相等的序列。这很奇怪，怎么会是这样？直到量子力学出现，我们对原子结构有了新的认识，这个序列才被真正理解。在门捷列夫所处的时代，元素周期表就是科学的最前沿，它也在一定程度上对量子力学的建立起到促进作用。现在根据量子力学原理我们可以理解这些序列，尽管当原子序数增大时，序列不能简单地由量子数决定，而需要复杂的计算才能确定某些元素的位置和序列的长短，但原则确实是清清楚楚的了。我们惊讶于门捷列夫怎么想到这个革命性的排列秩序，因为除了原子量，没有什么可以借鉴的根据啊！也许他观测到元素化学性质的改变（酸碱性）与稀有元素的出现存在关联。但不论怎么说，元素周期表的出现给化学家和物理学家开辟了新天地，前者可以自由地应用元素周期表来研究化合物及化学反应，而后者通过元素周期表的帮助，在探索最基本的物质结构和相互作用的路上找到了新的方向。无论如何，元素周期表的出现是科学史上的一场"革命"。

让我们简单地陈述量子力学对周期的解释。带正电的原子核处在原子中心，多个电子围绕它运动。但这些电子并非能自由选取自身位置。量子力学告诉我们，由于原子核与电子间的库仑作用是量子化的，电子只能选取特定的轨道，这些轨道是以原子核为中心的圆（玻尔用的圆形轨道。这里我们采用旧量子论，因为这个理论的图像清楚。新量子论否定固定轨道的概念，代之以电子具有确定的轨道量子数）。根据泡利不相容原理，在最低的轨道面上只能有两个电子，为第一激发态，也就是下一个圆上只能容纳 8 个电子。后面的层次由于有交叉，变得比较复杂，通过大型计算机完全可以复现电子的壳结构。只有当低层（低壳层，也是较低能量的壳层）的位置填满了，才能填充下一个壳层。而被填满壳层（也称满壳层）上的电子不再有化学活力，这就是稀有元素的原子结构。有化学活力的是最外壳层上的电子，也称为价电子。在一个壳层上，价电子数目较少的元素显示碱性，价电子数目比较多的接近满壳的元素显示为酸性。

何其相似，20 世纪 50 年代，第二次世界大战结束后，科学和技术开始突飞猛进地发展。以前，人们知道的基本粒子只有质子、电子和光子，1932 年查德威克发现中子，这是和质子质量非常接近的中性费米子，自旋为 1/2，后来陆续又有一些"基本"粒子被发现。由于技术的进步，人类建造了较高能量的加速器，因而有各种各样的新粒子被"轰击"出来。这些粒子有自旋为整数 0 和 1 的介子（是玻色子），也有自旋为半整数 1/2 的费米子。特别是有些粒子是强产生、弱衰变的，也就是说它们通过强相互作用产生（产生率很高），但只能通过弱相互作用衰变（衰变率很低，相应地，粒子寿命较长）。强相互作用和弱相互作用的耦合常数差很多数量级，那么这些粒子到底是参加强相互作用还是弱相互作用呢？所以当时的科学家就将这类粒子（有介子，也有自旋为半整数的重子）命名为奇异粒子。当然，没有过多久，理论物理学家就发现了这个矛盾出现的原因，正反奇异粒子可以通过强相互作用成对产生，保持奇异性守恒，而单个奇异或反奇异粒子只能通过弱相互作用衰变，破坏了奇异性守恒。于是它们不再"奇异"，但这个名称却保留下来了，奇异性守恒将会扩大为"味"守恒。回答这几十个新出现的粒子的结构有没有规律，是理论物理学家的基本课题。高能物理学家将这些新发现的粒子称为"基本"粒子的"动物园"，表示存在那么多种奇奇怪怪的"动物"，需要将它们分类。

盖尔曼和尼曼似乎看到了一些规律，他们就像门捷列夫那样把这些新粒子归类。但门捷列夫的元素周期表是一维的，也就是元素按质量排列起来。新的"基本"粒子似乎没有那么简单，除了质量的区别，还有携带电荷、抽象的同位旋、产生率和衰变率等特性的不同，这也使得简单排列并不恰当。让我们看看下面几张图。

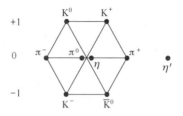

赝标介子八重态和单态

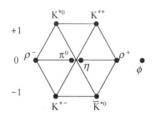

矢量介子八重态和单态

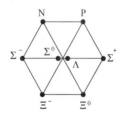

自旋为 1/2 的重子八重态

　　自旋为整数的介子（玻色子）和自旋为半整数的重子（费米子）分别收到几个八重态中，每个八重态中的粒子质量有些区别，但不太大，所带的电荷也不同，但有相似的性质。对上元素周期表了，不是吗？

我们称上页图中的六边形为八重态，其中有 6 个顶角，在中心还有两个态，分别对应同位旋为 0 和 1，这个构造包含 8 个态。另外对介子（赝标或矢量介子）来说，还存在一个所谓单态，它不包含在八重态中，有点像元素周期表中的稀有元素。

早在发现包括这么多新"基本"粒子的动物园时，理论物理学家们就想到很可能它们不是最基本的，而是由更基本的元素构成的。在这方面有很多模型，如坂田昌一认为这些粒子可能是由质子（P）、中子（N）和兰布达（Λ）构成的。但很快，人们发现这个构成引出的许多矛盾是无法解决的，不可能与实验观测的结果协调，只能放弃。虽然这些初始模型是失败的，但这个思路却是发人深省的，为进一步的研究指明了方向。盖尔曼注意到，这些八重态都是由三角形构成的。

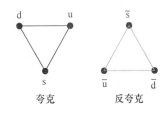

夸克　　　　反夸克

八重态的三角形结构

　　所有八重态都可以看成由上图中的这两个三角形构成，这有点像搭积木或玩拼图，把粒子以适当方式组合在一起就完成了理想的八重态。这两个三角形，一个是正，另一个是反，我们需要将正和反搭配起来才能构成八重态，那么我们也理所当然地认定这两个三角形的顶点就是更"基本"的元素。我们分别称三角形的 3 个顶点为"上""下"和"奇异"夸克，它们 3 个是彼此独立的，并构成了人们当时认知的所有介子和重子。例如，赝标介子八重态中的 π^+ 就是由上夸克和反下夸克构成的，即（u $\bar{\text{d}}$）。

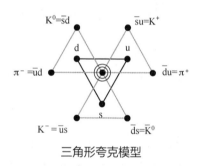

三角形夸克模型

　　上图的这个三角形夸克模型成功地构造了几个八重态，但还不足以证明它是正确的，因而要看看这个模型还能给出什么能被实验检验的预言。于是最令人惊叹的预言出现了。在已经进行的实验中，一些自旋为 3/2 的重子被发现了，它们分别是 Δ^{++}、Δ^{+}、Δ^{0}、Δ^{-}、Σ^{*+}、Σ^{*0}、Σ^{*-}、Ξ^{*0} 和 Ξ^{*-}，共 9 个态。

除了那几个八重态，还有另一种拼图，是十重态。

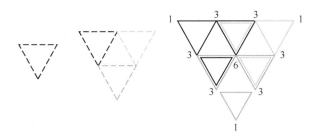

十重态示意图

显然我们可以将上面说的 9 个粒子放到这个"拼图"的 9 个点上，它们的质量、电荷性质很合适，但还缺最下面的顶角。这个态按照规则应该是自旋为 3/2，带负电荷，由 3 个奇异夸克构成，称为 Ω^-，质量应该在 1650MeV～1700MeV。随后美国布鲁克海文国家实验室真找到了这个粒子，质量为 1672.5MeV，电荷和自旋都与预测一致。

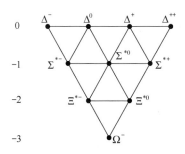

自旋为 3/2 的重子十重态

这确认了夸克模型的全面胜利。盖尔曼也因他在建立夸克模型上的成就获得诺贝尔物理学奖。

夸克模型无疑是非常成功的，至今在研究强子谱、计算强子态的产生和衰变时需要用到相关强子的波函数，这些波函数还是根据夸克模型获得的。然而，夸克模型有几个无法解决的难题，比如下面两个。

首先，夸克所带的电荷是质子电荷（也是电子电荷，在这里只是指电荷的绝对值）的分数倍，u 夸克的电荷为 2/3，d 夸克和 s 夸克的电荷为 −1/3（注：以下所说的电荷数都以质子电荷为单位），但在自然界中人们从来没有观测到分数电荷。

其次，自旋为 3/2 的 Δ^{++} 是由 3 个带 2/3 电荷的 u 夸克构成的，它们的自旋投影可以都是 1/2（加起来正是 3/2），这似乎违反了泡利不相容原理。因而从统计学角度看，还必须存在一个新的自由度，对应一个新的量子数。理论物理学家确认这个量子数是存在的，称之为"颜色"量子数。注意这个颜色和我们日常谈论的颜色根本是两码事，由于这个新的"颜色"量子数也有 3 个基本色，那就真的对应现实生活中的"颜色"。将这 3 个基本色叠在一起，就成为无色，每一个色都有对应的反色，如红和它的反色反红配在一起成为无色。注意，光学上，绿加蓝就是反红，但这里略有不同。看看，这些特性和我们熟悉的光学颜色的特性很相似，因而物理学家就勘定新量子数为色，它对应的群为 SU(3)。这是由于我们将 u、d、s 的 3 个颜色作为基本对称的（可以相互转换）元素，那么反映有 3 个基本单元的对称结构就是 SU(3)群。

由于色量子数的引入，上述两个问题都解决了。我们只需建立一个原则，即自然界中一般我们观测到的强子必须是无色或者色单态的，统计上的困难也就迎刃而解了。

粲偶素粒子开拓人类对物质结构的新认知

前文我们只讨论了 u、d 和 s 夸克，我们将它们称为轻夸克。

的确，只由它们构成的强子在粒子谱中是属于轻强子范围的（如 π、K、p、n 等）。

理论物理学家很快发现，如果只存在 3 个轻夸克（u、d、s），那么对 s 夸克与 W 玻色子（是弱相互作用的规范粒子，很重，大约 81GeV）的散射 $s + W^+ \rightarrow u \rightarrow W^+ + d$ 过程的理论计算显示它的高能行为会破坏幺正性，因而需要这个散射的高能区域必定存在一个截断。分析指出，如果存在一个 u 夸克 c，那么一个关联的散射中间过程 $s + W^+ \rightarrow c \rightarrow W^+ + d$ 就能保证理论计算 $s + W^+ \rightarrow W^+ + d$ 的截面不会出现高能的破坏行为。同时，美国理论物理学家 M. K. 盖拉德和 B. W. 李在研究 $K^0 - \bar{K}^0$ 振荡时发现，为了满足实验条件，需要存在一个质量大约为 1.5GeV 的 u 夸克。因而这个带 2/3 电荷的 u 夸克就是拯救夸克理论的关键了。丁肇中领导的实验组进行了一个极端困难的实验，最后以极高的精度在质量谱上发现了质量为 3.1GeV 的峰，可以认定它就是由 c 夸克和反 c 夸克构成的矢量玻色子。随后里克特在正负电子对撞机上也发现了这个峰，于是新发现的粒子就被命名为 J/ψ，它的激发态 ψ' 等也陆续被发现，我们现在称之为粲家族。它在强子物理中占有重要的地位。丁肇中和里克特的发现是革命性的，将夸克模型研究推向新的高潮。丁肇中的实验之所以困难，是因为他使用布鲁克海文国家实验室的强子加速器，用强子束流轰击靶核，因而随信号一起产生了许多其他强子，背景很复杂，要从中挑选信号，需要高度的技巧和高统计度。而 J/ψ 峰值很窄，以前也有别的实验物理学家看到过这个峰，但有时它很高，有时又很低，所以他们认为是测量不准确或者是涨落造成的峰。但丁肇中不这样认为，他敏锐地意识到这可能是一个很窄的共振峰，但是在测量时由于不恰当地选取数据而造成了判断失误。为解决这个问题，他专门定制了精度很高的探测器来捕捉这个可能的粒子。他成功了，于是和里克特一起获得了 1976 年诺贝尔物理学奖。

所以说这个发现是革命性的，因为它打开了夸克模型的新领域——重夸克。随着粲夸克的发现，第 5 个夸克很快在美国费米国家加速器实验室中被发现了，称为底夸克，也有人称之为美丽夸克，它的电荷为−1/3，和下夸克、奇异夸克一样，但质量为 4.2GeV～5GeV，也就是粲夸克的 3～4 倍。有趣的是，理论指出，需要有一个电荷为+2/3 的顶夸克和它对应。于是科学家们开始了一个漫长而艰苦的搜寻顶夸克的过程。自然地，人们根据这个逻辑思考，粲夸克的质量是奇异夸克的 3～5 倍，那么可以猜想顶夸克的质量应该是底夸克质量的 3～5 倍，那就是 15GeV 左右。于是日本建造了能量为 30GeV 的对撞机 Tristan 来寻找顶夸克。很遗憾，没有找到，于是工作人员将对撞机的能量扩展到 60GeV，但结果让高能物理学家沮丧，新的对撞机仍然没有发现这个家伙。于是，它是否真的存在成了物理学界热议的话题，还引出许多替换的理论模型。幸运的是，1994 年，美国费米国家加速器实验室的能量为 2TeV 的 Tevatron 质子-反质子对撞机终于找到了这个顽皮的家伙，它的质量让所有物理学家吃惊不已，为 173.1GeV，比底夸克重了 36～40 倍！这个发现绝对配得上诺贝尔奖，但发现顶夸克的科学家并未获此殊荣。原因是诺贝尔奖得主最多只能是 3 个人，而对此发现有不可替代的实质性贡献的科学家远不止 3 个人，因此即使这是伟大的成就，也没法让科学家们获得诺贝尔奖。

和夸克对等的是轻子，包括电子、缪子（μ 子）、韬子（τ 子）和几种中微子。实际上它们并不是很轻，如 τ 子就比质子还重，但它们不参加强相互作用，目前被认为是没有内部结构的"基本"粒子，它们也是费米子。对最轻的中微子，我还会在后面专门论述。

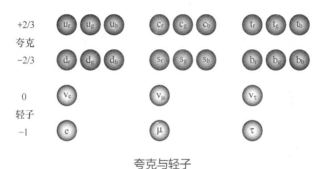

夸克与轻子

我们目前所知道的所有"基本"粒子，除了轻子、夸克这些费米子，还有传递相互作用的规范玻色子，包括 γ、$W^{\pm}$、Z^0 和胶子 g。另外还有一个被称为上帝粒子的希格斯粒子，关于它的故事我在后面介绍。

新夸克结构

我们已知的 6 种夸克可以分为两组：轻夸克和重夸克。u、

d 和 s 夸克的质量在几百兆电子伏特（这里指组分夸克质量，质子质量为 1000MeV，它由 uud 夸克组成，因而很自然地将质子质量归于 3 个夸克，于是每个夸克的质量为 330MeV，这称为组分夸克质量，但这种朴素的想法带来许多问题，后文还会再讨论）。而粲夸克、底夸克和顶夸克远远重于这些质量，于是我们将 u、d、s 夸克统称为"轻"夸克，而另外 3 个称为重夸克。前面我们已经看到，盖尔曼的 SU(3) 理论用 u、d、s 夸克构建了介子赝标量、矢量的八重态和重子的八重态，而且预言了 Ω 重子的电荷和质量。但为什么不能将这个理论推广到包括 3 个重夸克呢？人们的确有过许多尝试，但是结果和实验偏差很大，因而被放弃了。原因很简单，在任何一个群表示中，所有群元的质量不能相差太大，显然，要包括重夸克的打算违反了这个基本原则。

盖尔曼在提出夸克模型时就预言四夸克介子（$q\bar{q}q\bar{q}$）和五夸克重子（$qqqq\bar{q}$）的存在。然而，经过多年的艰苦努力，实验物理学家也没找到四夸克介子和五夸克重子的多夸克态存在的证据。在一次世界高能物理大会上，会议主席克洛斯就提议全体表决多夸克态是否存在，虽然这也是一种类似玩笑的做法，但绝大多数与会者认为多夸克态不存在！然而，在 21 世纪初，北京正负电子对撞机的谱仪 BES III以及世界上许多高能实验组就发现了多个四夸克介子态。随后，CERN 的 LHCb 合作组就找到了五夸克态。更多的多夸克态被 BES III、BELLE 和 LHCb 等实验组陆续发现。这对高能物理学家来说是新的挑战，特别是在强子内组分数目的增多，理论处理就更困难，所以在实验和理论方面都需要做大量工作，尤其可能需要创新工作。发现了这么多新粒子，它们似乎又构成了一个新的动物园，而能否像 20 世纪盖尔曼那样找到系统处理它们的理论，是需要 21 世纪的物理学家共同探索的。

4 种相互作用与杨-米尔斯理论

目前，我们明确了物质基本结构的组成单元，同时要探索的问题是：什么样的基本相互作用使它们表现出我们观测到的实验事实，如结合成强子、原子，以及它们的产生和衰变规律。根据迄今为止的实验观测和理论总结，我们确信有 4 种基本相互作用。目前确认的就只有这 4 种，但同时更多的理论模型不断出现。虽然每个新物理模型都有一定的合理性，但还没有哪一个可以上升到真正的理论阶段。这 4 种相互作用是：引力相互作用、弱相互作用、电磁相互作用和强相互作用。其中引力相互作用是最早被人类认识的，其次是电磁相互作用，它们在宏观世界有很强的表现。事实上，任何在宏观领域发生的过程都是由电磁相互作用主导的，而在天文领域，几乎所有的现象都取决于引力相互作用。

然而到了微观世界，特别是探索最基本层次的过程中，弱相互作用和强相互作用就占据了主导地位。此外，扩大到宇宙尺度，当关注宇宙起源和关联的现象时，强相互作用和弱相互作用也占据着重要位置。

原子核是由带正电的质子和不带电的中子构成的，质子间有强烈的库仑斥力，但为什么原子核不散掉呢？必定还存在一个比库仑斥力强得多的引力存在。但在宏观世界中我们从没有观测到这样一个力，因而它必定是很短程的，只在原子核这样小的范围才能起作用，这就是核力。日本物理学家汤川秀树首先注意到这个问题，继而给出一个势函数 $v = -\dfrac{\alpha_s \, \mathrm{e}^{-mr}}{r}$ 。

公式中的耦合常数 α_s 远远大于电磁相互作用的 $\alpha = 1/137$ ，但由于存在指数衰减因子，在超出原子核范围后，它很快趋于 0 ，因此在宏观领域不能观测到它。

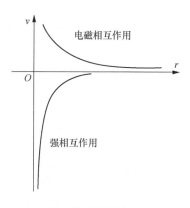

核力的衰减示意图

这个公式涉及的物理图像是两个核子（无论是中子还是质子）间通过交换一个有质量的 π 介子而产生相互作用，与电磁相互作用类似，但那是两个带电粒子通过交换没有质量的光子而产生相互作用。

为了使物理机制更易于理解，这里用一个例子来说明两个微观客体是如何通过交换一个介子而相互作用的。两个小孩各自站在一条漂在湖面的小船上，两条船分开一段距离。那么这两个小孩如何相互作用呢？假设小孩 A 将一个垒球抛向小孩 B，于是由于冲量，B 受到一个向后的力，小船向后移动，然后 B 再把垒球抛回给 A，A 由于冲量也向后退了。不断重复这个过程，两条船逐渐越来越远，抛垒球就相当于在两条船间有个斥力在作用。当然，抛出的垒球动量大小取决于小孩的臂力，也就是我们说的耦合强度。另一个因素是交换物的质量。如果是垒球，小孩可以不费力地来回抛掷，但如果换成铅球，大概就很难坚持下去。我们知道电磁相互作用是通过无质量的光子交换，而弱相互作用是交换很重的 $W^{\pm}$（81GeV）和 Z^0（90GeV）。虽然弱相互作用和电磁相互作用的耦合常数相差不大（小孩的臂力差不多），但抛掷的垒球换成了铅球，所以弱相互作用比电磁相互作用弱很多个数量级。

汤川秀树根据原子核的大小，预言 π 介子的质量为 100MeV～200MeV，后来他预言的 π 介子在宇宙线中被发现，质量为 140MeV，于是汤川秀树获得 1949 年诺贝尔物理学奖。

弱相互作用在中子的 β 衰变中起主导作用，决定了中子的寿命，半衰期为大约 15min。事实上，由于受到各种守恒定律的限制，大量的基本粒子只能通过弱相互作用衰变。有趣的是，不像强相互作用和电磁相互作用那样，弱相互作用对一些守恒定律不怎么"尊敬"，如宇称守恒定律在弱相互作用中就被破坏了。

有了这些基本知识，我们就要往更深层次探讨这些"基本"相互作用的起源了。人们很早就认识到，在经典的电磁理论中可以引入标量电势 ϕ 和矢量磁势 A 来代替电磁场 E 和 B，在经典物理中看不到除了计算方便还有什么必要引入它们。但在量子力学中为了得到正确的物理结论，波函数可以做规范变换，这个变换就要求存在一个规范场，这个场的规范变换刚好抵消波函数规范变换带来的额外项，相当于额外势，以保证薛定谔方程不变，即物理不变。这个规范场就是电磁场。电磁场对应的守恒定律是电荷守恒，我们在自然界从没有发现电荷不守恒的现象。注意：$e^+ + e^- \rightarrow \gamma\gamma$ 中电荷也是守恒的。这时相应的对

称群为 $U_{em}(1)$。如上所说，波函数的规范不变性要求规范场（电磁场）存在，也就是引入了带电粒子和电磁场的相互作用，于是应用群理论我们找到电磁场和带电粒子相互作用的根源就是这个 $U_{em}(1)$。

杨振宁和米尔斯将电磁场理论推广到 SU(2) 的规范群，从 $U_{em}(1)$ 的简单群（群元是对易的，称为阿贝尔群）到 SU(2)（群元互不对易，称为非阿贝尔群），群的代数结构有根本性的差别，要复杂得多。然而，除了在数学上杨–米尔斯理论有着重要的作用，在物理上这个理论的诞生也有着石破天惊的突破。这个理论表明相互作用和微观对称性紧密结合。不同的对称性（对应不同的李群）决定了物质间的相互作用。其实是物质与各种规范场间的相互作用，因为规范场是作为传递物质间相互作用的媒介而存在的。杨振宁和米尔斯首先提出这个理论时并未受到学术界广泛的关注。特别是规范理论要求规范场的量子不能有非零的质量，但当杨–米尔斯理论应用到实际问题时，这个要求显然被违反了。因此泡利对杨–米尔斯理论做了毫不含糊的批评。

重大的惊喜出现在 20 世纪 70 年代，格拉肖、温伯格和萨拉姆利用杨-米尔斯理论完美地建立了弱电理论，预言了弱中性流的存在以及 $W^{\pm}$ 和 Z^0 玻色子的质量。随后弱中性流被实验发现， $W^{\pm}$ 和 Z^0 的质量在 CERN 被测定，结果和理论预言非常吻合。于是人们相信微观世界的相互作用就是用杨-米尔斯理论来表述的。那么规范粒子如何取得质量呢？泡利的批评是否还存在？请看关于对称性破缺给予规范粒子以质量的内容。真是完美的理论！格拉肖、温伯格和萨拉姆也获得了诺贝尔物理学奖。

但是，至于微观世界的相互作用对应哪种群（哪种微观对称性）是要靠物理学家根据实验观测、理性分析和逻辑推理"猜"的。当然他们建立的理论要预言新的物理过程和可能被实验测量的数值，如 W 和 Z 粒子的质量。当这些理论推导的结果和测量值对比是一致的，说明这个理论有可能是对的；但如果不一致，就说明这个理论是错的，需要放弃或做重大修改。

格罗斯、维尔切克和波利策也是利用杨-米尔斯理论建立了有渐近自由的 $SU_c(3)$ 的强相互作用机制（渐近自由理论：和库仑作用相反，当两个夸克距离很近时夸克间的"色"作用趋于 0，从而两个夸克"自由"；但当两个夸克间距离变大时，相互作用变得越来越强。这好像一根橡皮筋，拉得越长，作用力越大），称为量子色动力学，从而强、弱和电磁相互作用都被纳入杨-米尔斯理论框架中，建立了今天称为标准模型的理论 $SU_c(3) \times SU_L(2) \times U_Y(1)$。很遗憾，引力不能纳入杨-米尔斯理论的框架中，对这个人类最早认识的引力，我们仍没法将它与量子理论结合。

杨-米尔斯理论取得的辉煌成就是研究微观世界的基础。

对称性和对称性破缺

正如李政道先生教导我们的，"对称展示宇宙之美，不对称生成宇宙之实"。从杨-米尔斯理论我们看到基本的相互作用是与自然界的对称性相关联的，但如果这些对称性一直保持完美而不破缺，就不会有我们看到的客观世界了。

对称性破缺又分为自发破缺和动力学破缺，下面分别介绍这两个机制。

真空的对称性自发破缺使费米子和规范玻色子获得质量。

对基本粒子质量问题的追根溯源要从最基本的相互作用开始。在经典物理中，质量是被赋予的基本参数，和电荷一样我们是不需要了解它的来源的。但在微观世界中就不同了，一切都是从基本相互作用中体现的。爱因斯坦的著名公式 $E = mc^2$ 的初衷并非要研究质量如何转化成能量，而是强调 $m = E/c^2$，他问质量是否能从能量转化而来。电荷是特定物质，也就是我们所说的带电物质，与电磁场相互作用的耦合常数，相应地，质量来源于基本粒子与希格斯场的耦合和真空自发破缺。特别需要指出的是，在早期宇宙的极高温度和能量密度的背景下，真空的对称性就没有破缺。只是当宇宙温度降低到一定值时，真空对称性的自发破缺才会发生。因此不考虑真空对称性破缺的话，规范场的量子就没有质量，这样就完美地回答了泡利对杨-米尔斯理论的质疑。

具体说来，故事是这样的。质量起源问题归结到宇宙中存在一个希格斯场，它与基本粒子（夸克和轻子）和规范粒子耦合。接下来的关键问题在于：什么是"真空"？我们现在知道物理真空不是什么都没有的数学真空，而是充满了我

们看不见的各种场。例如，真空中存在电磁场会使两块很大
且平行放置的中性金属板间产生一个向内的压力。存在于真
空的这些场中有一种希格斯场，它的势函数在早期宇宙的高
温下是对称的，呈倒抛物线分布，那时能量的最低点是原点，
势能为 0。当宇宙温度下降后，两边的势能曲线逐渐下降。
这时能量的最低点移到两边，且最低点的能量不再为 0，而
是一个负值。于是"真空"就移到这些最低能量点中的
一个。

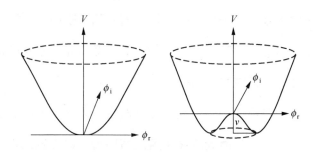

真空对称性自发破缺示意图

　　这就是所谓"真空对称性自发破缺"，势函数曲线出现了如
香槟酒瓶底的形状，那么一切物理质量都要相对于这个"新的
真空"。本来质量是 0 的粒子由于真空质量下降到负值，夸克、

轻子和规范粒子就具有了不为 0 的质量，这个效应有点像"水落石出"。温伯格计算了这个真空期待值，预言了 $W^{\pm}$ 和 Z^0 的质量，它们最终在 CERN 的 LEP II 对撞机上成功被找到，理论预言和实验观测值吻合得非常好，只有辐射修正的计算给出百分之几的偏差。恩格勒和希格斯因为希格斯粒子的发现获得 2013 年诺贝尔物理学奖。

动力学破缺

对称性破缺是自然界的基本规律。如果对称性不破缺，那世界就是混沌一片，什么都不存在。这正是李政道先生指出的不对称是宇宙之实。物理学家的责任之一就是揭示从具有高度对称性的早期宇宙破缺到缺乏完美对称性的现实世界的秘密。这绝不是一个平庸的问题，物理学家经过一个世纪的努力，也仅仅对这个宇宙难题有了一些了解。在这个方面突破性的进展应该归功于李政道和杨振宁 20 世纪 50 年代得到的宇称守恒在弱相互作用中被破坏的理论研究，以及吴健雄证明 β 衰变中宇称不守恒的实验。为什么这么说？因为他们的研究成果是一个物理学基本概念的革命。在他们之前的物理学家相信宇宙的基本构成是对称的。电荷对称性要求正粒子（如电子）和它的反粒子（正电子）具有完全相同的性质，宇称变换是指空间反演，和时间反演的变换一样，不会改变物理实质。它们的联合变换和相对论的洛伦兹变换守恒等价，表明一个粒子的产生和它的反粒子消失过程原则上是完全一样的。这个说法很容易理解，也符合我们朴素的思维方式，就像你把电影胶片倒过来播放那样。然而自然界刚好不是这样的，当然在宏观世界不会出现宇称破坏，你在镜子里看到的一定是你自己的像，你举左手，镜子中的像一定举右手。但是，在微观世界镜子里的和镜子外的物理行为就不一定一样了，只要这个物理过程是由弱相互作用主导的。

在 20 世纪 50 年代有一个难题困扰着理论物理学家，这就是著名的 $\theta-\tau$ 之谜。θ 和 τ（不是我们今天说的 τ 轻子）是两个性质、质量、寿命完全相同的赝标粒子，但其中一个可以衰变到 3 个 π 介子，而另一个只能衰变到两个 π 介子。已知 π 介子的宇称为负，那么 3 个 π 介子的总宇称为负（总宇称是 3 个宇称的乘积），而两个 π 介子的总宇称为正。这就对理论物理学家提出了挑战，坚持宇称守恒就意味着 θ 和 τ 不是同一个粒子，但为什么它们所有的性质都相同呢？另一个解释是在弱相互作用下宇称不守恒。当时也有很多理论物理学家持有这种观点，但没有人能拿出让人信服的证据。直到李政道和杨振宁提出，如果宇称不守恒，那在由弱相互作用支配的中子 β 衰变中也可以看到宇称守恒的破坏。他们建议吴健雄做这个实验，因为吴健雄是这方面无可争议的专家。其实，吴健雄当时也不相信宇称会不守恒，毕竟宇宙怎么能分出上和下、左和右呢，显然和常识不符嘛。但她知道没有人做过这个实验，本着科学家的信念，也就是一切要由实验数据"说话"，于是她中断了旅程，回到实验室开始这个具有划时代意义的实验。她在极低温度下高度极化钴-60 自旋方向，观察钴-60 原子核 β 衰变放出的电子的出射方向，最终发现绝大多数电子的出射方向都和钴-60 原子核的自旋方向相反。这个实验结果确认了弱相互作用引起空间的不对称性，证实了弱相互作用中的宇称不守恒。由于在宇称不守恒研究中的出色成果对物理学发展具有深远意义，李政道和杨振宁获得了1957 年诺贝尔物理学奖。

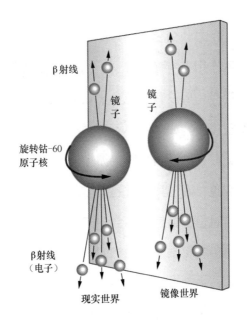

β 射线

镜子

镜子

旋转钴-60
原子核

β 射线
（电子）

现实世界

镜像世界

　　实验表明，李政道和杨振宁理论预言的弱相互作用中宇称
被破坏的幅度是很大的（实验确定了李-杨理论中的参数，以确
定宇称破坏的幅度）。随后物理学家开始在 K 介子系统中寻找电
荷宇称-空间宇称联合破坏的迹象。但 CP 破坏的幅度大大低于
P 单独破坏，因而科学家做了很大的努力，终于找到在 K 介子
系统中 CP 破坏（间接破坏 ε）的幅度大约在 1/1000 级别。K
介子系统的直接 CP 破坏（ε'）就更小。因而实验工作持续了很
长时间。最近在 B 和 C 领域，直接 CP 破坏的实验观测取得很
大成功。

为什么人们对 CP 破坏这么感兴趣呢？这是因为狄拉克理论预言任何费米子都有相应的反粒子，例如电子的反粒子——正电子就在宇宙线中被发现（安德森因此获得诺贝尔物理学奖），但为什么在我们的现实世界中只有带正电的质子和带负电的电子，即所谓正费米子，而不存在它们的反粒子，即反质子和正电子？现代的宇宙学认为在宇宙诞生时只有能量，因而一定是中性的，在随后的过程中能量转化成费米子和规范粒子。在最早期宇宙的极高温和高密状态，由于费米子和规范粒子都没有质量，它们的产额应该在同一个数量级，也就是说电子数目和光子数目应该差不多。但近代的观测值告诉我们，宇宙中电子的数目是光子的$10^{-10} \sim 10^{-9}$，也就是 10 亿到 100 亿分之一，而且都是电子，没有正电子。现代宇宙学给出的解释是，早期宇宙产生的大量费米子和反费米子相互湮灭成光子。但由于 CP 破坏，反费米子衰变率比费米子的衰变率大一点，也就是10^{-9}级别，于是大部分费米子和反费米子消失了，只有 10 亿分之一的费米子存活下来，组成了我们今天的物质世界。看，CP 破坏对理解宇宙结构有多重要。但很不幸，现在的理论能给出的 CP 破坏还不足以解释宇宙学所需要的，因而一定存在超越标准模型的物理机制，只是我们现在还不知道。

现有理论的缺陷

我们建立了标准模型 $SU_c(3) \times SU_L(2) \times U_Y(1) \rightarrow SU_c(3) \times U_{em}(1)$，其中的箭头表示破缺后的群结构，所有的实验数据在一定的实验误差范围内和标准模型的预言值完全相符。这个理论的正确性是无可置疑的。但显然它不是全部，而且和霍金盼望的终极理论还差得远。

首先，标准模型包含 3 个群，分别对应强、弱和电磁相互作用，是否能找到一个理论能统一强、弱和电磁相互作用？在 20 世纪 80 年代，物理学家们在急切寻找这样的模型，也就是期望建立大统一理论，而最被青睐的候选者就是 SU(5) 理论。然而，这个理论预言质子可以衰变，导致质子的寿命有限，但随后的精确实验表明质子的寿命远远超过这个预言值。事实上，没有任何实验观测到质子衰变，从而设定了质子寿命的下限，因而这个被许多理论物理学家和实验物理学家抱有极大期望的理论只好被放弃。这是历史上被实验否决的最美丽的模型之一。

其次，是宇宙观测对物理学家的挑战。如今，现代宇宙学已经不是饭后茶余的聊天话题了，而是一门扎扎实实的科学。由于现代探测技术和分析方法的进步，我们确实对宇宙有了一定的认识。近几十年的观测指出，95%的宇宙物质是暗的，而我们看到的宇宙物质只有总物质的区区约4%。在第六章中我们介绍了暗物质和暗能量的存在，在这里要指出的是，有关它们的理论一定超出我们的标准模型。

目前有很多实验组在寻找暗物质，设备一般安装在很深的地下以排除宇宙线的干扰。目前人们倾向于认为暗物质可能是很重的超对称粒子，当然还有很多其他模型。然而到目前为止，世界上的所有探测装置还没有捕捉到一个确切的关于暗物质粒子的信号。假如除了引力相互作用，它不再参加标准模型的相互作用，那我们无论如何也不可能用地球上的探测器找到它，除非存在我们还不知道的新物理学。也可能所谓暗物质并非对应某种基本粒子或束缚态粒子（有结构），而是宇宙缺陷造成的现象，那就很难由地球探测器或卫星观测得到结论了。我们相信人的认知能力是无限的，也许21世纪我们能最终找到和确认暗物质。至于暗能量，那更是理论物理学家的噩梦。现在的宇宙观测已经确认宇宙在加速膨胀，在前面我们已经介绍过推动宇宙加速膨胀所需要的力可能是由爱因斯坦理论中的真空能量密度 Λ 所决定的，但这个理论并不可靠。目前的宇宙标准模型就是 Λ CDM（Λ 加上冷暗物质），对它的验证需要在至少是以光年计的星系大尺度，以及如基本粒子的小尺度的两个极端背景中进行，要得到确切的结论难度之大可想而知。这是对 21 世纪高能物理的理论物理学家和实验物理学家与宇宙学、天文学的理论家和实验家的挑战。

最后，还有人类永无止境的好奇心在推动寻找超越标准模型的新物理学。由于标准模型对现在所有物理过程的预言值都和实验数据吻合得非常好，那偏离标准模型预言的数值就会在小数点后若干位。例如，很热的研究课题是对缪子的兰德因子 g_μ 的讨论。在量子力学中我们讨论过，量子场论和实验确定自旋为 1/2 费米子的兰德因子为 2，施温格（又译为施温格尔）预言量子电动力学引起的辐射修正可以造成的 $(g_e - 2)/2$ 正比于 $\dfrac{\alpha}{\pi}$。目前关于缪子反常磁矩的实验数据为

$a_\mu^{\text{exp}} = \dfrac{g_\mu - 2}{2} = 0.00116592061(41)$，而标准模型预言值为 $a_\mu^{\text{theory}} =$

$0.00116591810(43)$，也就是说实验结果比标准模型的预言值差

了 4.2 标准偏差。

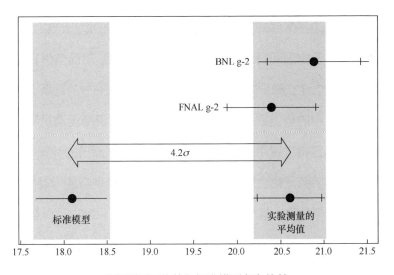

实际测量平均值与标准模型存在偏差

尽管偏差很小，但也可能预示着存在超越标准模型的新物
理学，当然要确认是哪种新物理学，只靠这个实验是远远不够
的。寻找新物理学的努力还会继续下去，人类在探索大自然奥
秘的漫长道路上是永远不会止步的。

微扰和非微扰，物理的解析和数值表述

自从开始学习牛顿力学，我们一直习惯于建立一个或几个具有合理边界条件的微分方程，然后得到确切的解析结果。当代入所涉及物理问题的数据，就得到数值结果。然而自然界是如此复杂，建立微分方程就需要对相关物理有充分的理解，确定相互作用的势函数形式。在电磁学中，我们很幸运地找到库仑势，而且将之应用到原子物理，至少是对氢原子的计算中，得到和实验数据吻合的理论值。然而在大部分现实的问题中，势函数非常复杂，甚至很难找到完整的势，而只能以近似势函数代之，也就是唯象的经验公式。即使是氢原子，也存在库仑势之外的附加势函数，如自旋-轨道耦合、质子自旋和电子自旋耦合、相对论修正、达尔文项等。有了它们，原来可解析求解的微分方程，就不可能再得到完整的解析解了。而且在大部分问题中即使找到了势（也许是接近物理真实的势），我们也找不到方程的解析解。几个世纪以来，数学和物理学都在快速发展，在各自的领域中创造了辉煌。数学和物理有很多交叉领域，互相促进。数学的引入使物理学理论得到脱胎换骨的发展。牛顿力学和微积分、广义相对论和微分几何（黎曼几何）的关系就是最好的例子。然而，数学能解决物理问题的能力还是很有限的，远远不能达到我们的期望。于是物理学家建立了微扰理论。涉及的哈密顿量可以分解为两部分之和，$H = H_0 + H_1$，其中 H_1 远远小于 H_0。假设只含 H_0 的方程有解析解 F，那么我们可以将 H_1 作为对 F 的微扰来计算。微扰的计算很像我们做的级数展开，可以做一阶、二阶、三阶……微扰。我们当然期望得到越来越精确的值。但微扰展开和幂级数展开不同。对幂级数进行展开，我们将级数截断在某一位，可以知道在这个阶截断带来的误差范围，但对微扰展开（显然我们不能一阶又一阶地一直做到无穷），当我们做了截断以后，根本无法知道截断引起的误差是多少，甚至不知道做了高阶修正后是否和真正解更接近。所以微扰方法是有效的，但也是无奈的。这也是微扰论的痼疾。这也从另一个方面反映出数学作为一种工具，其开发落后于物理的需求。

传统上，我们的物理思维停滞在解析形式上，对于全数字的描述不以为意。这种情况也许应该有所改变了。非微扰的计算随着实验技术的改进与高水平和高精度实验装置的出现变得越来越重要。这是因为当实验误差变小，对理论计算的要求也越来越高，微扰计算很可能达不到和实验数据精度相匹配的层次。从场论方面看，高阶微扰修正要求计算圈图，在一阶微扰时大约只需要计算有限几个圈，但到三阶、四阶，拓扑不等价的圈图可以达到几千个，靠人完成这样的计算是不可能的，必须用计算机来辅助。因而物理学家以全新的方式来解决这些问题。这就要说到格点场论。

格点场论利用大型计算机进行模拟运算。当基本的相互作用形式给定，不再一阶一阶地进行计算，而是期望一揽子完成物理量的计算。在格点场论中，首先是把时空分立格点化，也就是让时空不再是连续的，每个格点（对应不同的时空点）间的距离作为一个基本参量，格点间的连接称为连线。在格点场论中，费米子在格点上，而规范场在连线上。

当然，格点的计算量很大，但不会像人工计算那么耗时间，而且机器出错的可能性远远低于人。想想"深蓝"计算机就很轻松地战胜了所有国际象棋大师，AlphaGo 也战胜了各大围棋高手，就是因为它们能"看"出来的步数比任何人都多，而出错的概率比任何人都少，不赢才怪。

因而，也许物理学理论将来发展的方向是利用大型计算机来做计算。这个趋势已经在物理学界得到确认，这个观念被大多数物理学家所接受。但另一方面，也有很多理论物理学家并不认同它。理由是全交给计算机去做计算，我们看不到中间过程，因而就有人开玩笑地评论"计算机知道是怎么回事，但我们不知道，只有一个数值结果"。这也许减少了人们研究理论物理的乐趣，但研究自然规律需要精确求解，所以格点计算是大势所趋。当然，还有很多现实问题需要解决，这包括格点计算本身的一些理论问题和大型计算机计算能力的限制，但原则上这些困难是可以在不久的将来得到解决的，特别是当量子计算机真能为格点计算提供服务的时候。

第十章 中微子的故事

中微子虽然是基本粒子中最轻的，但它的发现和后继的研究对理解微观乃至宏观、宇观世界都有巨大意义，对年轻学者也很有启发性，因而这里单列一章来阐述。

中微子的发现

20 世纪初人们只发现了 3 种"基本"粒子，它们是质子、电子和光子。原子核的衰变有 3 种方式，分别是放出氦原子

核的 α 衰变、放出电子的 β 衰变和放出光子的 γ 衰变。对 α 和 γ 衰变，理论计算和实验测量一切都符合得好好的，能量、动量守恒完美成立。然而在观测原子核 β 衰变时问题就出现了，放出的电子能量时大时小，在一个范围内变化，也就是上一次测量的电子的能量和下一次的测量值不同。这太奇怪了！因为从最基本的能量、动量守恒定律就可以推出，在质心坐标系，也就是衰变的原子核的静止参考系，两体衰变产物的能量是确定的（当时假定一个原子核的衰变产物只是另一个较轻的原子核和电子），那么电子能量体现出的不确定性从何而来呢？以至于玻尔这样的大物理学家倾向于放弃在微观世界的能量守恒，认为宏观世界的能量守恒是微观过程的统计平均结果。爱因斯坦和泡利等人坚决不同意放弃能量守恒，但对这个不确定性需要找到一个合理的解释。泡利突发奇想：存在一个非常轻的中性费米子，它逃过了直接探测，成了"看不见"的产物，它和电子分享原子核衰变释放的能量，那么衰变产物就成了三体，也就是衰变后的原子核、电子和这个"看不见"的新粒子，那么电子的能量就可以在一个范围内变化了。这个假定完美地解释了 β 衰变数据，然而由于从没有人见过这种粒子，而且它的质量很小，又是中性的，所以当时泡利认为没有实验能观测到它，于是他给正在举行的学术会议的参加者写了一封信，说："我做了一件可怕的事。我假设了一个不能被探测的粒子。这是一件迄今没有任何理论物理学家做过的事！"泡利开始将这个粒子命名为中子，然而不久查德威克就发现了和质子几乎等质量的中子，因而费米将泡利假设的粒子重新命名为中微子。费米很喜欢这个新粒子的理论，后来学术界逐渐接受了这个新思想。

太阳中微子"丢失"之谜

在前面的章节中，我们介绍了太阳之所以有稳定的结构，是因为太阳内氢原子聚变产生的正压强（引起膨胀）和太阳内物质间的引力（引起收缩）相平衡。核聚变不仅产生热量，还会产生中微子。标准太阳模型告诉我们，太阳中的核聚变每产生 25MeV 能量（由光子携带）就会有两个中微子释放出来。那么根据地球接收的能量，我们就能估算应该探测到的中微子数目。据此，天文学家巴考尔进行了计算，预言了实验物理学家戴维斯使用新装置后应能观测到的太阳中微子数目。戴维斯在加州理工学院的一次会议上发布了他的首批实验结果。他声称探测到了太阳中微子，却只有巴考尔模型计算所预言数量的 1/3 左右。

1989 年夏天，日本物理学家小柴昌俊领导的神冈探测器小组报告了他们的太阳中微子猎捕的一些早期结果。他们的独立发现证实了戴维斯的结果：正如霍姆斯特克探测器测试过的一样，神冈探测器不仅证实了中微子来自太阳的方向，也发现了巴考尔预言的粒子数不足。然而，在接下来的几年之后，神冈探测器小组也证实了入射中微子能谱与巴考尔的计算是吻合的。这样看来戴维斯和巴考尔都是正确的，并且太阳中微子的缺少也是真实的。

这个天文学和粒子物理学间的矛盾又对当时的理论提出挑战。

标准模型认为只有左手中微子（这个"左手"是物理专业用语，意味着它的存在方式和别的费米子不同，那些是既有左手又有右手成分，微观粒子的质量是左右配对存在的），因而不能有质量。但意大利物理学家蓬泰科尔沃指出，要解决太阳中微子之谜，必须让中微子具有小质量，而且 $\nu_e \neq \nu_\mu$。那么在太阳中产生的是 ν_e，但在从太阳飞到地球探测器的 8min 的漫漫长路上，很多 ν_e 就"振荡"成 ν_μ，这样当在地球上只测量 ν_e 的消失时，就会发现到达的中微子比在太阳中产生的少，于是天文学和粒子物理学就走到一起了。这个结果被后来的精确实验所确认。

还有大气中微子问题。宇宙线内有大量的 $\pi^\pm$ 介子，它们会通过 $\pi^+ \to \mu^+ + \nu_\mu \to e^+ + \bar{\nu}_\mu + \nu_e + \nu_\mu$ 衰变，这样我们应该期待 ν_μ 的数量比 ν_e 数量多一倍，但实验数据告诉我们，这两种类型的大气中微子数目几乎相等。答案应该不是 ν_μ 减少了就是 ν_e 增多了。有了太阳中微子的例子，很快物理学家就意识到这是由于部分 μ 子振荡到 τ 型中微子（第三类中微子）。于是一切又都很完满地解决了。

但中微子的故事远远没有完结，还有很多关于中微子奥秘的问题需要回答。例如，中微子的质量等级问题：从拟合太阳中微子观测，我们已经确定 $m_{\nu_1} < m_{\nu_2}$，但这并不能完全决定三代中微子 ν_1、ν_2、ν_3 的质量次序，正常的次序是 $m_{\nu_1} < m_{\nu_2} < m_{\nu_3}$，

然而可能有反常的、颠倒的次序 $m_{v_3} < m_{v_1} < m_{v_2}$，我国的江门中微子实验（JUNO）就要用精密的观测来回答这个次序问题。理论上，我们还想知道现在观测的中微子是狄拉克型的（和电子等轻子一样，中微子和反中微子不同）还是马约拉纳型的（中微子和反中微子一样，不分正反）。这可以在无中微子的双 β 衰变实验中得到检验。虽然那是非常困难的实验，但挡不住物理学家的努力，我国和其他一些国家就有若干实验组在做这类的探测实验，很可能在今后几年内会给我们带来相关的信息。

在南极的 IceCube（冰立方）观测站，科学家发现了 PeV（1PeV=10^{15} eV，是目前最高能量 14TeV 对撞机 LHC 的几百倍）级别的中微子。中微子是中性的，而且只参加弱相互作用，质量又非常小，不到千分之几电子伏特，也就是说探测到的中微子的高能量完全是它的动能。在它从产生到经过漫长飞行到达地球的旅程中不可能被加速，因为没有任何机制加速它，那么这么高的能量只能是在它产生时与生俱来的！因而探测这样的中微子谱有助于我们理解超新星爆发机制、γ 爆、黑洞、中子星淹没，甚至黑洞爆发成白洞的种种稀有天体的形成过程。此外，所谓中微子望远镜通过收集高能中微子数据可以给物理学家提供更多关于遥远星系活动和高能中微子产生的机制的信息。目前，世界上有很多中微子观测站，正在紧张地运行着，它们的成果一定会加深人类对自然界、对宇宙的知识。

中微子物理可以为人类造福

我们还要简单介绍利用中微子物理直接造福于人类的可能。中微子只参加弱相互作用，每天有几百万亿个从太阳来的中微子穿过我们的身体，而我们并没有感觉到，这说明中微子和正常物质的相互作用非常弱，平时完全可以忽略。然而，弱并不意味着不参加与物质的相互作用，灵敏的探测装置还是可以捕捉到它们的。而且当它们穿过致密物质时，也会和物质中的电子、质子和中子发生作用而留下痕迹。利用这些性质，中微子可以有很多实际的用途。如果我们放出一束中微子流，内部组分不会相互作用，因而束流不会散开（带电粒子，如电子束流，因为彼此间的库仑斥力，束流很快就会散掉）。而且由于中微子和物质的相互作用非常弱，它们的传播不会受到周围物质的干扰。这点绝对优于光传播，因为光会受到沿途带电物质的散射。这样，如果我们探测中微子的技术有了长足的发展，利用中微子束流作为通信工具会比现在的所有通信方式都更优越。在高能物理学术刊物 *Physics Letters* 上，有人建议，用中微子束流作为载体和外星人通信。此外，由于中微子和物质有相互作用，尽管弱，这种作用也可以在一定条件下产生可观测信号。因而有人建议用中微子探测地球结构，探测矿物质分布、石油储量，乃至进行地震预报，等等。这已经不是神话，21 世纪人类很可能在中微子理论和应用方面做出突破。

结束语：终极真理是否存在

物理之美在于它揭示了自然界的奥秘，也给人类带来精神文明和物质文明。

上下几千年，人类从茹毛饮血、刀耕火种的时代，以及祁连山岩画上记载的朴素、古老的天文学方面的知识，到今天高速发展的物理学，天上有宇宙飞船、人造卫星和空间站，地上有先进设备的实验中心、大型加速器，以及超大型的计算机，人类的认知范围从夸克到宇宙，并且还在无限制地延伸。特别是近两百年来，随着知识的大爆炸，我们走向探索大自然的步伐越来越坚定。在另一方面，虽然我们可以上天入地，但大自然仍然对我们隐藏了许多奥秘。所谓"人定胜天"也不过是我们一厢情愿的期望。纵观几十年来地球上的各种灾难，地震、海啸、温室效应、新型冠状病毒的侵袭等，哪一件人类可以轻松地征服？而且人类在利用已经取得的先进知识时，不仅在为人类本身造福，有时也在制造灾祸。人类利用原子能裂变发电，期望用氘和氚实现可控核聚变，以供给人类用之不尽的最清洁的能源，但同时世界上存在的大量核弹又威胁着人类，这些核武器一旦爆炸，我们这个可怜的地球就将不复存在了，甚至人类也会像恐龙那样灭绝。现代科学可以造福人类，使我们享受几千年来从未达到过的高度物质文明，但也可以瞬间毁灭人类，这也是几千年来用大刀、长矛乃至枪、炮所不能做到的。除此之外，克隆人的研究也带来对伦理道德的冲击。凡此种种，就给科学家提出一个原则问题，就是科学道德。这是每个科学家必须认真思考的问题。我们有理由相信，广大的物理学家最真诚的研究动机是探索大自然的奥秘和造福于子孙，千秋万代！

我们面临的一个严肃问题是：极限真理是否存在。换一个说法，它是霍金生前一再强调的，万有理论已经接近得到了。是吗？从牛顿力学当时主导的物理学界开始，近两个世纪中，人们普遍认为物理已经追到了根。直到 19 世纪末 20 世纪初提出的两朵乌云才又打开了一扇门，一扇通向现代物理的大门。从此，物理学走上令人眩晕的快速发展之路。但是，正如我们前几章中表述的，我们知道得越多，浮现出的问题也就越多。现在连我们依赖的还原论都有了局限，演化论是否能完全处理复杂系统也没有定论。正如发现中微子时我们得到的结论：问题可能导致"新物理"。正是这些难解的问题激发了新一代物理学家的兴趣，让他们以更大的热情投入新的研究领域。至于是否能找到终极真理大概要划到哲学范畴了。无论最终理论是否存在，物理学家探索大自然奥秘的步伐永远不会停止，新的理论会出现，被新的实验结果所考验，循环往复，促使物理学家不断地攀登新的高峰。

20 世纪 50 年代，是中国科学的第一个"春天"，百花齐放，科学事业蓬勃发展。层子模型就是根据物质无限可分的原则提出来的，黄涛、戴元本和何祚庥等老一辈科学家至今还能回忆起当时那些激动人心的时刻。可惜的是，他们的文章没有在顶级学术刊物上发表，也就没有得到学术界同行的认可。尽管如此，世界上还有物理学家知道并高度赞扬层子模型。我的一位美国老师就向我提起过这个模型，并且评论说，遗憾没有做下去，否则也可能是诺贝尔奖级别的工作了。

改革开放后，科学的第二个，也是真正的"春天"来临了。作者没能参与 20 世纪 60 年代的科研活动，但见证了 20 世纪 80 年代后我国高能物理事业的突飞猛进。我国的高能物理事业真正走向世界前列的标志是 BEPC 的建成。现在不仅在粲能区，而且在各个领域，我国物理学家的学术地位日益提升。我们相信在 21 世纪，我国的物理研究必将有更大的发展，能稳定地站在世界巅峰。

我们确实相信，物理规律不变，但物理学在不断前进，物理学家也在不断地努力探索这些不变的物理规律，同时应用所获得的知识为人类文明造福！

最后让我们以李政道先生的教诲结束本书。李政道先生将杜甫《曲江二首》中的诗句：

细推物理须行乐，

何用浮名绊此身。

改为了更有现代进取意义的诗句：

细推物理日复日，

疑难得解乐上乐！

后记与致谢

本书是我根据自己多年来在教学和科研工作中所取得的知识与经验写作而成的。其中大部分内容是被学术界普遍接受的正统观念，但也有少部分是自己的理解和思考结果，因而可能存在一定的偏颇之处，请读者见谅。

本书的写作得到国家自然基金的支持（基金账号：11675082，11735010，12075125，12035009）。

戴伍圣教授、魏正涛教授、赵明刚教授、刘松芬副教授阅读了本书初稿，并提出很多建设性的建议。非常感谢。

同时，也感谢高能物理学界诸位老师、同人的教导和有益的学术方面的讨论，从中我受益良多。感谢南开大学物理学院的老师在学术和教学方面的支持、帮助和交流。感谢我教过的学生，特别是我的研究生们，和他们不断地交流使我感受到教学相长的道理。他们中的很多人比我做得更好，看到他们的成长我感到无比欣慰！最后，感谢人民邮电出版社赵轩编辑与他的同事们在本书出版过程中给予的帮助！

希望这本书能为那些喜爱物理的年轻人提供一点助力吧！